面白くて眠れなくなる地学

左巻健男 編著

PHP文庫

○本表紙図柄＝ロゼッタ・ストーン（大英博物館蔵）
○本表紙デザイン＋紋章＝上田晃郷

はじめに

ぼくがこの本を書いたのにはわけがあります。

地学は面白い！

ズバリ、このことを読者のみなさんにわかってもらいたかったからです。
ぼくは、自然科学のなかで物理、化学、生物、地学のどれも同じくらい面白いと思っています。自然のすがたを探究して明らかにした人々の悲喜こもごも、その歴史、見出された概念や法則は、どれも面白みにあふれています。
ぼくの専門は、小学校・中学校・高等学校初級の理科教育であり、もともと中学校・高校の理科教師をしていました。そのときのモットーが、「家族で夕食をとるときに、その日の授業の話題で盛り上がるような楽しい授業をしよう」ということでした。

理科の授業を通して、生徒たちが、知って得をした、知って感動した、知って心がゆたかになった、考えてわくわくした……という気持ちをもってくれるといいなと思っていました。

自然科学のなかでも、地学はとても幅広い内容をもつ学問です。足下《あしもと》の地球の内部、地球の表面、地表を覆《おお》う大気、はるかな宇宙。そこには、地震、火山、台風、豪雨などの自然災害、毎日の天気など、身近な内容も含まれています。

そんな地学ですが、残念ながら高校で学ぶ人は少ないのが現状です。一般の人々の地学についての知識は、中学校の理科レベルにとどまっているといっても過言ではないでしょう。

この本は、そんな人に向けて、地学にまつわるとっておきの内容をまとめました。地学に対して「つまらない」「地味」といった印象をもっている人にこそ、ぜひとも、ドラマチックでダイナミックな地学の魅力をお伝えしたいと思います。

例えば、カバーにあるクイズは、地球の自転速度が次第に遅くなっていることから生じる現象です。

約四十六億年前、宇宙空間に広がるガスや塵《ちり》が回転しながら集まり、太陽ができました。その後、太陽を中心に回転する岩石のかたまりである微惑星が衝突をくり返し、合体しながら地球が誕生します。

誕生したころの地球は、自転で一回転する時間、つまり一日は五時間くらいだったと考えられています。それが現在では二十四時間になっていますから、長い時間をかけて地球の自転速度は遅くなっているということです。今後も次第に遅くなると考えられていることから、一日の時間がもっと長くなると予測されているのです。

地学は、スケールの大きい学問です。これまでにも、先人たちが不思議いっぱい、ドラマいっぱいの世界の扉を一つひとつ開いてきました。わかってきたこともたくさんありますが、まだまだわからないこともたくさん残されています。

自然科学の驚きと喜びを大勢の人と共有できるよう、ぼくは感動する理科、心をゆたかにする理科を目指して、さらに研究していきたいと思っています。

左巻健男

面白くて眠れなくなる地学

目次

Part 2

知ると楽しい気象のはなし

Part 3

やっぱりふしぎな宇宙のはなし

本文デザイン&イラスト 宇田川由美子

Part 1

ダイナミックな地球のはなし

SiO_2

PANGEA

アトランティス伝説の真実

言い出しっぺはプラトン

中世以降、夢想家の心をつかんで離さない伝説の一つが、アトランティス島の謎です。

アトランティスは、紀元前四世紀にギリシャの哲学者プラトンが書いた『ティマイオス』と『クリティアス』という二冊の書物に描かれた島であり、王国です。アトランティスについて、古代ギリシャ七賢人の一人に数えられるアテネの立法者ソロンが、紀元前五九四年に国制改革の大任を果たして国外旅行に出かけた際、エジプトのサイスの神官から聞かされたと記しています。

時代設定は、本が書かれたときからさかのぼって九千年以上も昔ですが、プラトンは物語の登場人物に「(この話は) 全面的に真実の話であって」と言わせています。

◆伝説のアトランティス島

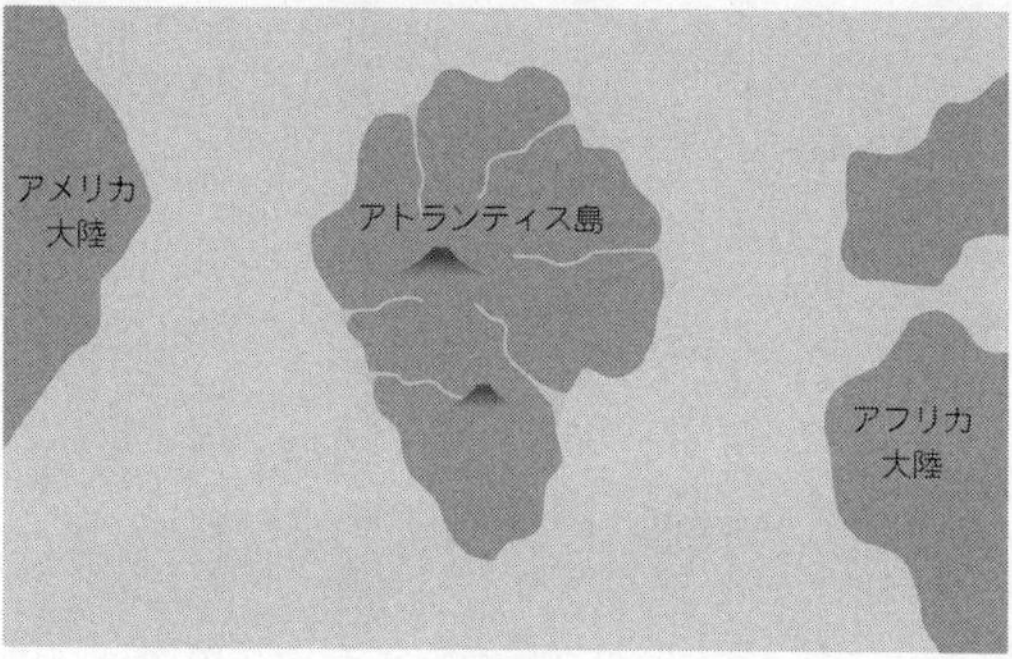

アトランティスは、「ヘラクレスの柱（ジブラルタル海峡につけられた古名）」西方のアトランティス海（現在の大西洋）にあり、リビアと小アジアを合わせたよりも大きな島でした。海神ポセイドンとクレイトーの長子アトラスが王となって、他の九人の兄弟とともに支配していました。鉱物資源に富み、農林畜産が盛んな豊かな島だったといいます。

そびえ立つ宮殿、巨大な運河、壮大な橋、金銀をちりばめた寺院、庭園、競技場などがあり、住民たちは大変に富裕な生活を送っていました。近隣の島々のみならず、南西ヨーロッパと北西アフリカをも支配し、一大海洋帝国を形成して栄えました。

物語には、アトランティスに匹敵する文明

をもった「古アテネ人」（超古代ギリシャ人）も描かれており、強大なアトランティスからの侵略軍と勇敢に戦い、撃退したことで勇名をはせたといわれます。アトランティスに攻めのぼるまでに至ったところで大地震と大洪水が起こり、一昼夜にしてアトランティス島は海中に没し去ったというのです。

実話か創作か、それが問題だ

プラトンの弟子だった人物に、アリストテレスという哲学者がいます。プラトンは永遠不滅の「イデア」を求める理想主義者でしたが、アリストテレスは、個々の経験的事象を重視する現実主義者でした。アリストテレスは、アトランティスはプラトンの創作だと語っています。

もしもアトランティスの物語が真実ならば、アトランティスと同時代に超古代ギリシャも存在したことになります。アトランティスが一昼夜にして海中に沈んだとしても、超古代ギリシャは残っていたはずですから、高度な文明の痕跡が何らかの形で残っていると考えられます。ところが、今に至るまで超古代ギリシャに関する痕跡は発見されていません。

中世以降、アトランティスの物語を信じる人たちによって、大陸の痕跡を発見するための航海がくり返されました。大西洋以外にも、アメリカ大陸、スカンジナビア半島、カナリア諸島など、何カ所もの大陸や島がアトランティスだといわれてきました。

なかには、プラトンは年代を一桁間違えて書いたという仮説をたて、エーゲ海に浮かぶティラ島の火山が紀元前一五〇〇年頃に爆発し、ミノア文明が崩壊したことを、なかば強引にアトランティス伝説になぞらえる人も現れたほどです。

ハインリヒ・シュリーマンの孫の主張

アトランティスを発見したとして世間の注目を集めた人物に、ポール・シュリーマンがいます。ポール・シュリーマンは、ギリシャ神話のトロイの遺跡を掘り当てたことで有名な、考古学者ハインリヒ・シュリーマンの孫にあたります。

ポールは一九一二年十月、ニューヨークの雑誌『アメリカン』に、「すべての文明の源、アトランティスをどうやって見つけたのか」という長文の手記を掲載しました。手記には、彼の祖父であるハインリヒ・シュリーマンが、亡くなるときに厳重に封印した厚い封書を遺《のこ》した、また、そこにアトランティスの秘密が書かれていたとありました。

さらに、ポールのその後の調査によって、アトランティスの人々が島の消滅後に定住した地がボリビアのティアワナコの遺跡であったことをつきとめたとあり、いずれすべての謎を解き明かした本を刊行するつもりであると結ばれています。

考古学者たちは、それまで「アトランティスを発見した」という夢想家たちの話を笑って相手にしていませんでした。ところが、彼らも偉大なハインリヒの孫であるポールを無視するわけにはいきません。そこで裏づけの調査を行いましたが、ポールが封書の内容に基づいて発見したという物品には学術的に矛盾があり、各地を旅行して調査したことを証明する資料も出てきませんでした。

ハインリヒ・シュリーマンの発掘に同行していた助手も、ハインリヒがアトランティスについて大規模に研究したことはないと証言しています。

こうして、ポールは一時、世間の注目を集めたものの、一言の反論もないまま、もちろん本も出さずに忘れ去られました。そもそもハインリヒにポールという孫はいなかったという話や、『アメリカン』の記事そのものが記者のでっち上げであるという話すらある始末です。

地質学的には……

ここで、プラトンによるアトランティス伝説を、地質学的にとらえなおしてみます。まず、アトランティスがあったとされる大西洋には、海洋底を調査しても、かつて広大な大陸が存在していた痕跡はありません。

地質学では岩石の種類の違いによって海洋底と大陸を分けています。海洋底の岩盤は主に玄武岩《げんぶがん》でできています。玄武岩は地球上でもっとも量の多い火山岩（マグマが地表付近で冷え固まった岩石）です。大陸をつくる岩石は海洋底と比べて複雑ですが、大陸にもっとも特徴的な岩石は、大陸地殻の上部に存在する花こう岩です。花こう岩は深成岩（マグマが地下深くでゆっくり冷え固まった岩石）で、大陸地殻の中部や下部の岩石が部分的に溶融してできたマグマが上昇し、上部でゆっくりと冷え固まってできたものです。

ですからアトランティスのような大陸がかつて本当に存在し、海中に没したとすると、そのエリアの海洋底の岩石の種類を調べて花こう岩が広範囲に見つかれば、

「失われた大陸が存在した！」と言えるのです。

二〇一三年五月に「大西洋の海底に『陸地』発見　アトランティス痕跡？」という見出しの新聞記事で、海洋研究開発機構（神奈川県横須賀市）とブラジル政府の発表が報じられました。同機構の有人潜水調査船「しんかい６５００」を使ってブラジル沖の海底台地「リオグランデ海膨」を調べたところ、水深九一〇メートルの地点に、高さ、幅それぞれ約一〇メートルの岩の崖《がけ》があるのを発見。撮影した映像を分析した結果、花こう岩と確認。周辺には海では組成されない石英《せきえい》の砂も大量にあったということです。同機構は「周辺の海底で見つかった化石などから約五千万年前には海上に出ていたが、波などで土砂が削られたり岩盤が海水で冷えて重くなったりして、数百万年後には海に沈んだと推定される」としました。これが本当なら、プラトンのアトランティスとは時代が全然合いませんが、大西洋にアトランティスと同様のことが起こったことがあるといえます。

しかし、この場所は衛星搭載のレーダーで作成された海底地図を見るとそんな大きなものが隠れているとは考えられない、火山学者にとってはホットスポット火山の活動がつくったというのが共通の理解だったし、花こう岩は大陸の痕跡としてだけではなく、スノーボールアース（一〇二ページ参照）の時期にならば海底に存在しうる、などの反論があります。

二〇一三年の報道以降、現在までのところ（二〇二一年七月）、これについてのブラジル地質調査所などの論文を見つけることはできませんでした。今後、海底の掘削や海底の堆積物の下の岩石採取などではっきりすることを期待したいと思います。

では、プレートテクトニクス論ではどうでしょうか。プレートテクトニクス論は、ヨーロッパとアメリカ、アフリカなど六大陸がもともと一つの大きな大陸（超大陸パンゲア）であったとします。すると、どこにもアトランティスのような大陸が入る余地はありません。

さらに、たった一昼夜で大陸が海中に没してしまうことも、地質学的にはありえません。

それでもアトランティスの物語を実話だと信じる人たちは、プラトンの本の内容や、アトランティスの人々を霊視したというオカルティストの話などから自説に都合のいいところをもってきて、世界のあちこちをアトランティスにしてしまうようです。

世界はもともと一つだった？

向き合う海岸線がそっくり

精密な世界地図がつくられるようになった時代、アフリカ大陸と南アメリカ大陸の向き合った海岸線の形がそっくりであることに気づく人が現れました。十六～十七世紀のイギリスの哲学者であるフランシス・ベーコンもその一人です。

しかし、当時はまだアトランティス伝説が主流であったため、何千キロメートルも離れた所によく似た海岸線があったとしても、ただの偶然にすぎないと一蹴《いっしゅう》されました。

ところが、ドイツの気象学者アルフレッド・ウェゲナー（一八八〇～一九三〇）は、二つの海岸線の類似には重大なことが隠されていると直感します。ひょっとすると、二つの大陸はかつて一つだったのかもしれない、さらに、二つの大陸だけではなく、アジアもヨーロッパもオーストラリアも南極も、すべての大陸が一つにな

◆超大陸パンゲア

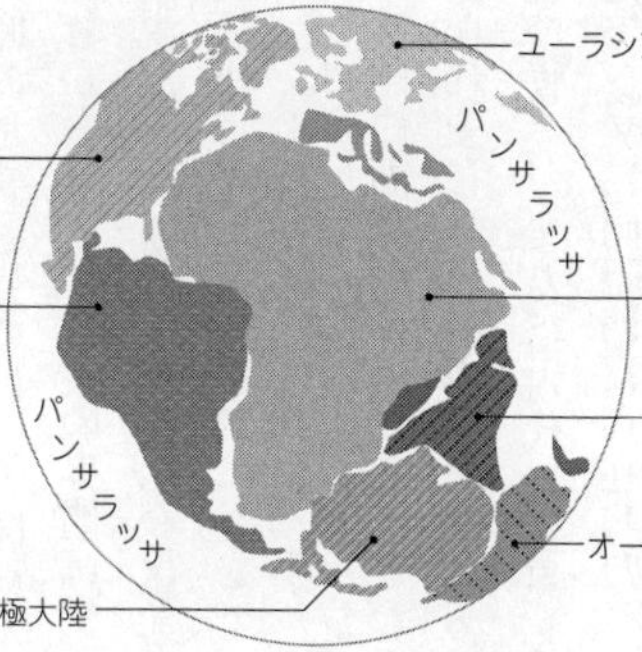

ってパンゲアという巨大な大陸をつくっていたのではないかと考えたのです。

ウェゲナーは、もしも大陸が地続きだったとしたら、かつて地続きだった場所にいた動植物の化石が、今はそれぞれの大陸に見つかるにちがいないと推理しました。そこで古生物学の研究結果を読みあさった結果、ウェゲナー説を裏づける証拠が続々と見つかりました。

ウェゲナーは嬉しさのあまり小躍《こおど》りして、「大陸が割れた」という自説を地質学会に報告し、さらに『大陸と海洋の起源』という本にまとめました。

「陸橋」説の猛反撃

ウェゲナーの説がすんなり受け入れられたかというと、そんなことはありませんでした。

当時の地質学界では、大陸は不動不変であると考えるのが正統とされていました。しかもウェゲナーの専門は気象学であり、職業は天気予報官。地質学者が発表した説だったとしても相当な反発を招いたでしょうが、地質学の心得のない一介の天気予報官が出した新説に対して、地質学者たちは猛烈に反発しました。

例えば、化石調査からヒッパリオンという古代の馬が、フランスとアメリカのフロリダ州に同時期にいたことがわかると、大西洋には「陸橋」があったのだと結論づけられました。本当に陸橋があったとすると、橋の長さは四〇〇〇キロメートルに及びます。また、古代に生息していたバク（カバに似た哺乳類）が南アメリカと東南アジアに同時期に存在したことがわかると、そこにも陸橋があったとされました。

ほどなく古代の地図は、大陸の間を仮説の陸橋、あるいは別の大陸で埋め尽くした奇妙なものになってしまいました。それでも地質学者たちにしてみれば、陸橋や大陸は後に海底に没したことにすれば、つじつまがあうというわけです。

ウェゲナー、無念の死

ウェゲナー説の最大の弱点は、どのような力が大陸を分裂させ、移動させたかを証明できなかったことです。ウェゲナー自身は、「地球がわずかに南北にひしゃげていることから生じる力」によると訴えていましたが、その力は、実際には大陸を動かすほど大きな力ではなく、地質学者たちを納得させられなかったのです。

ウェゲナーは気象の分野ではすぐれた業績をあげましたが、大陸移動説を証明しようと探検に出かけたグリーンランドで遭難死してしまいます。

こうして彼の説をめぐって激しい議論が続きましたが、結局、ウェゲナー説はしだいに注目されなくなり、やがて忘れられました。一九三〇年代のことです。

「磁気の化石」の声をきく

磁気の化石があるというと、驚かれるでしょうか。

ここでいう化石は、地学的に「古生物の死体や遺物で現在まで残ったもの」という意味から派生した「古い物がそのまま形をとどめたもの」のことです。

火山から噴出する高温の溶岩はもともと磁気を帯びていませんが、冷えると、そのときの地球の磁界（磁場）の向きに磁化されます。鉄を含んだ鉱物が、地球のつくっている磁界の影響を受けるためです。こうして岩石に閉じこめられた磁気を「熱残留磁気《ねつざんりゅうじき》」といいます。

熱残留磁気を含む岩石は、磁化されたときの磁気をもち続け、たとえ途中で違う向きの磁界を受けても変化することはありません。ですから、岩石の熱残留磁気の向きを調べ、同時に放射性元素の崩壊による年代測定を利用して岩石が生まれた（溶岩が固まった）年代をたどっていくと、年代とともに地球の磁気がどう変化してきたかがわかります。

地球の磁気の閉じこめられ方には、熱残留磁気のほかにも海や湖で細かい粒子が沈殿して堆積岩をつくるときにできる「堆積残留磁気《たいせきざんりゅうじき》」などもあります。

一九五〇年代に入ると、世界のあちこちで磁気の化石調査が始まりました。世界の各地域から調査記録が集められ、一枚の地図にまとめられました。

図aは、ヨーロッパと北アメリカの岩石を用いて推定された、北磁極の移動の軌

◆磁極移動の軌跡を重ねると……

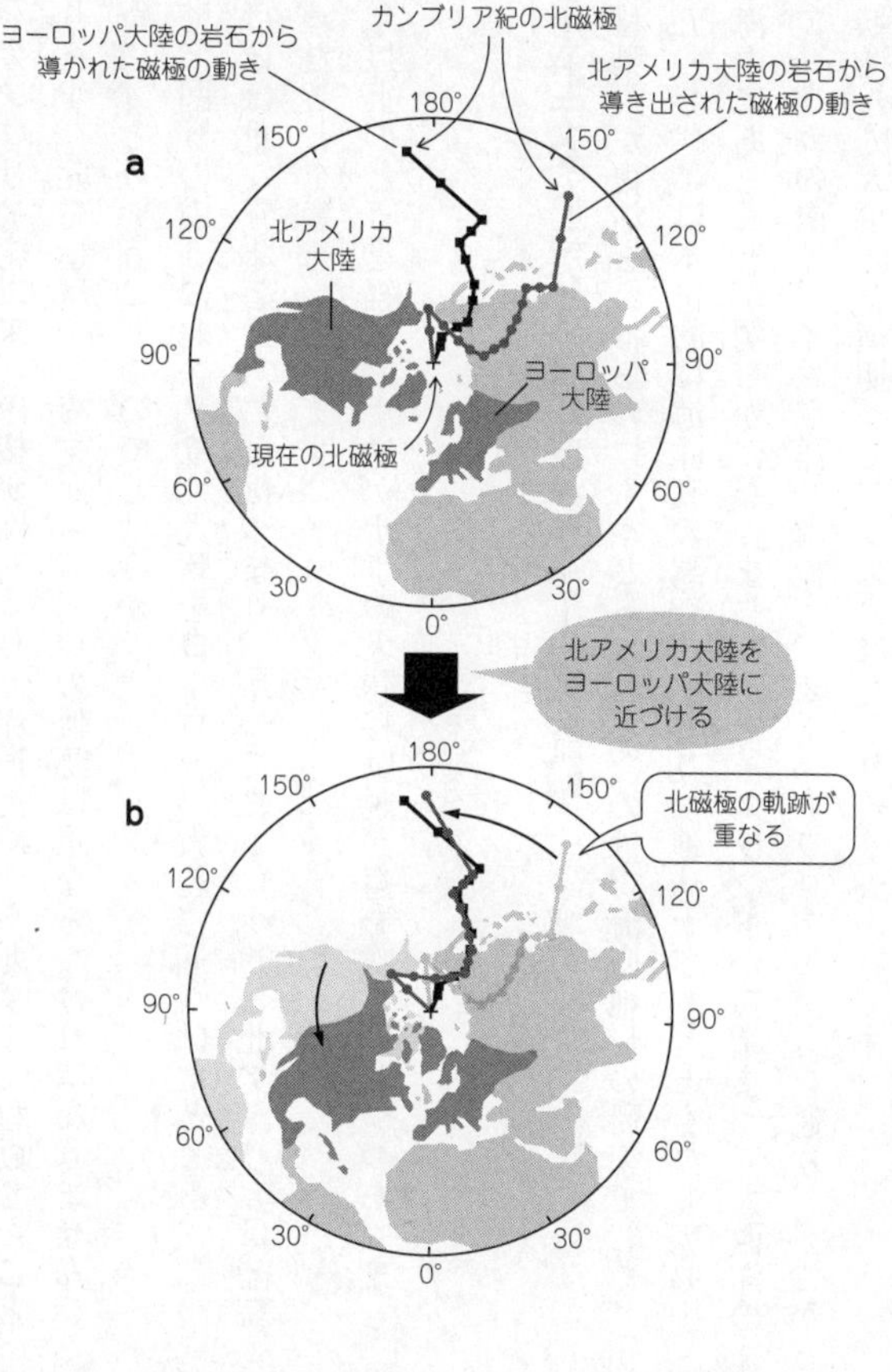

跡です。カンブリア紀以来、磁極がゆっくりと赤道近くから北極まで移動したことがわかります。北磁極は一つですから、二つの軌跡は重ならなければなりません。

いったい、どういうことなのでしょうか。

そこで、図bのように北アメリカ大陸をヨーロッパ大陸に近づけたところ、二つの軌跡はほぼ重なりました。これはつまり、かつてヨーロッパと北アメリカは陸続きであったことを意味しています。

二十年以上のときを経て、ウェゲナーの大陸移動説が息を吹き返しつつありました。

プレートテクトニクス論がウェゲナー説を証明

大陸移動説が復活をとげるのにもっとも貢献したのは、海底地形の研究でした。

一九五〇年代には本格的に海洋底の調査が始まり、地球上でもっとも高く広い山脈は、海中にあることが明らかになりました。アイスランドから始まって大西洋の中央、アフリカの南端、インド洋と南極海、オーストラリアの南方を通り、そこから方向転換して太平洋を横切ってアラスカにたどり着く大山脈です。

◆震源の分布

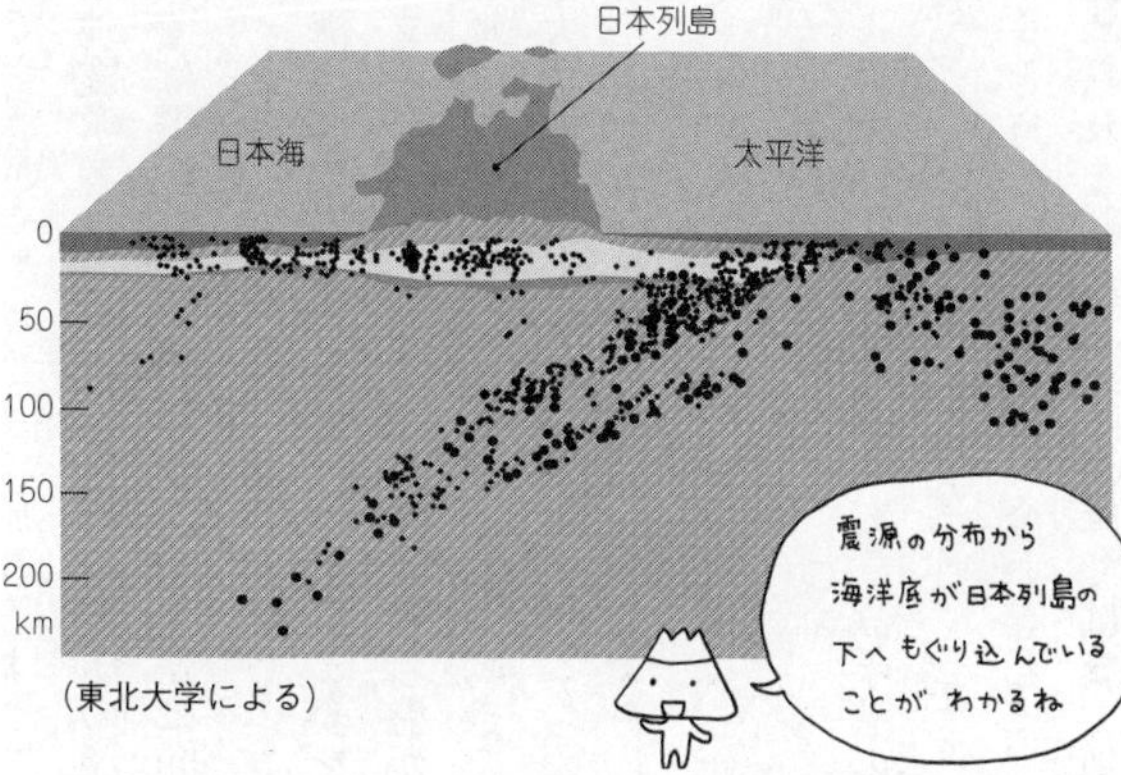
日本列島
日本海
太平洋
0
50
100
150
200
km
震源の分布から
海洋底が日本列島の
下へもぐり込んでいる
ことがわかるね

（東北大学による）

海洋底の山脈は、ときには海から突き出ていますが、ほとんどは何千メートルもの海水の下にあり、それまで存在が知られていなかったのです。陸の山脈と区別するために「海嶺《かいれい》」と呼ばれました。

一九六〇年に、岩石の資料によって、大西洋中央海嶺では海洋底がかなり新しく、そこから西あるいは東に移動するにつれて、徐々に古くなることがわかりました。

さらに、大陸の岩石の起源は約四十億年前にさかのぼれるのに対して、海洋底ではもっとも古くて約二億年前のものでした。しかも古い海洋底は、大陸に沿って走る海《かい》溝《こう》（海洋底が細長い溝状に深くなっている場所）あたりまで来るとぷっつり消えているのです。いったい、古い海洋底はどこに消えたのでしょうか。

地震学者たちが日本付近の震源の深さを調べたところ、地震発生の地域が太平洋側では震源が浅く、日本海や大陸に向かうにつれて深くなり、太平洋側から日本海側へ斜め下に向かって面状に広がっていることがわかりました。

海洋底の岩盤が海溝に達すると姿を消し、そこから斜め下に震源が深い地震面が始まるということは、海洋底の岩盤が中央海嶺から生まれて海溝まで動き、海溝から地球内部にもぐり込むような動きをしていると考えることができます。

大西洋の海洋底は、事実上、二つの巨大なベルトコンベアであり、一つは地殻を北アメリカの方向へ、もう一つはヨーロッパの方向に運んでいて、海洋底が広がっているのです。ここでいう地殻は、正確には地殻の下にあるマントル最上部からなる岩石圏を含みます。

一九六四年にイギリスの王立学会の主催する討論会で、地球の表面は多くの断片(後の〝プレート〟)がつながったモザイク状になっており、さまざまな場所でプレートどうしが壮大な押し合いをして、地殻変動が引き起こされているという考えが認められました。大陸だけではなく地殻全体が動いているという考えです。

ここに、新しい科学「プレートテクトニクス」が産声をあげました。新しい形でウェゲナーの大陸移動説が証明されたのです。

ウェゲナーの大陸移動説から、すでに半世紀が過ぎ去ろうとしていました。ウェゲナーをさんざん悩ませた大陸移動の原動力は、地殻全体を動かす原動力と改められ、海嶺からわきあがるマントルの流れ（マントル対流）によると考えられています。

アイスランドは地質学的宝庫

史上最大の噴火

人類が経験した最大の噴火の一つといわれているのがアイスランド共和国（以下、アイスランド）のラキ山の噴火です。ラキ山には、長さ約二五キロメートルにも及ぶラーカギガル火口群があり、約一二〇個の火口が整列しています。

これらは、一七八三年六月、ラキ山の地面が突如割れて火が噴き出し、二五キロメートルにわたってまるで炎のカーテンのようになった噴出源です。

火口は、小休止を挟みながら、五カ月間にわたって大量の溶岩を流出しました。当時のアイスランドの全人口五万人のうち一万人が亡くなる大惨事でした。さらに、北半球一帯では、空を覆う火山灰のために日照時間が減り、飢饉《ききん》が起こりました。

アイスランドは、今も活発な火山の島です。二〇一〇年春にも、大規模な噴火がありました。南部にあるエイヤフィヤトラ氷河の火山が、三月に噴火し、四月十四日に再び大規模な噴火を起こしました。

噴き上げられた火山灰は上空一一キロメートルに達し、やがて風に乗って南東に流れ、ヨーロッパ北部を広く覆いました。火山灰によるエンジントラブルを恐れた各国航空当局は、四月十五日から二十一日にかけて発着停止や空港閉鎖に踏み切り、交通に大きな影響が出ました。

日本のような弧状列島の火山は山頂から噴火し、二酸化ケイ素（SiO_2）が多く粘っこい安山岩《あんざんがん》質溶岩が多いのが特徴です。他方、アイスランドの火山の特徴は、谷底の割れ目から噴火し、比較的さらさらした玄武岩《げんぶがん》質溶岩が多い点にあります。

海嶺が地表に現れているアイスランド

地球の表面の地形には、山脈、高原、平野、盆地などの名前がつけられています。実はふだん見ることのできない海底にも陸地と同じような地形があり、それぞれに名前がつけられています。

先に述べたとおり、海の中にも山脈があって海嶺と呼ばれています。大西洋の中央には、その名のとおり大西洋中央海嶺、インド洋には大西洋から続く南西―イン

◆大西洋中央海嶺の上にあるアイスランド

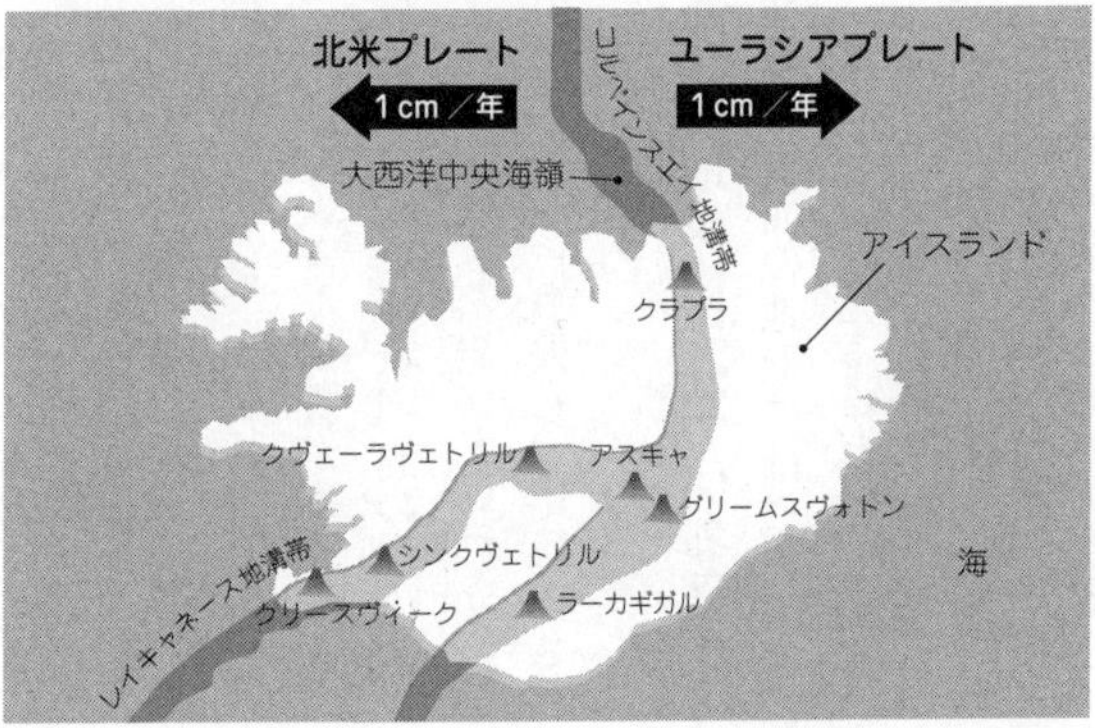

ド洋海嶺、南東インド洋海嶺、太平洋の東側には東太平洋海嶺、南太平洋の南極大陸側には太平洋―南極海嶺などがあります。大きな海洋の底の中央部には、それぞれ大きな海嶺が連なっています。

　海嶺は、ほとんど海洋底にあって私たちの目からは隠れた存在ですが、まれに一部地表に現れている場所があります。その一つが、アイスランドです。

　上の図のようにアイスランドの近くにある大西洋中央海嶺は、ユーラシアプレートと北米プレートが生まれる場所にあたり、マグマ活動の激しいところです。海中でマグマ活動による激しい噴火が続くと、噴出物が積み重なって海洋底が盛り上がります。その結果、アイスランドではついに噴出物が海面上に顔を出してしまったのです。

海洋底の平均的な深さは約四〇〇〇メートル、海面から海洋底の山脈である海嶺の頂上までの深さは約二〇〇〇～四〇〇〇メートルです。つまり、アイスランドで海嶺の頂上が顔を出すまでには、莫大な火山噴出物の堆積があったことがわかります。堆積に要した時間は二億二千五百万年と推定され、依然としてマグマ活動は続いています。

割れ目は広がり続けている

アイスランドで見ることのできる大西洋中央海嶺は、東に移動するユーラシアプレートと西に移動する北米プレートの境目にあたり、割れ目地帯になっています。二つのプレートは、一年をかけて左右にそれぞれ一～一・五センチメートル、合計で二～三センチメートルほど移動しています。それにともなって割れ目が少しずつ広がり、間に玄武岩質マグマが入り込みます。

アイスランドでは、この地割れを「ギャオ」と呼びます。とくにシンクヴェトリ

◆切り立った崖の間のギャオ

ル国立公園にあるギャオは、観光地としても有名です。九三〇年～一七九八年にかけては、切り立った崖の間にあるギャオの底で、民主議会「アルシング」が行われていました。声が崖にぶつかって反響し合い、遠くまで届いたといいます。

また、割れ目地帯では火山活動が活発なため、高温の水蒸気が噴き出しています。地下の熱水や高温の水蒸気をくみ上げて地熱発電が行われているほか、暖房や温室栽培などに利用されています。

アイスランドから糸魚川市へ

新潟県糸魚川市《いといがわ》にフォッサマグナパークという地質公園があります。フォッサマグナパークには、人工的に斜面を掘削し、糸魚川―静岡構造線の断層面を見られるようにした「露頭《ろとう》」があります。露頭とは、地表に地層や岩石が露出した場所のことです。

この露頭は、東側が北米プレート、西側がユーラシアプレートに分かれています。そこで右足は北米プレート、左足はユーラシアプレートというふうに、二つのプレートをまたいだ立ち方ができるのです。プレートの境目には、北米プレートとユーラシアプレートがぶつかりあって岩盤が何度もこすれて粉砕され、それが粘土になった粘土化帯（断層粘土）を見ることができます。

アイスランド付近で生まれた北米プレートとユーラシアプレートは、ふたたび地中に沈み込んでいきます。糸魚川市は、二つのプレートの終着点をじかに見ることのできるめずらしい場所なのです。

北米プレートとユーラシアプレートの境界は、日本海東部、タタール海峡、ベルホヤンスク山脈、チェルスキー山脈、北極海、グリーンランド海、アイスランドと大西洋中央海嶺にかけての広い地域に延びています。

世界一高い山はエベレストではない!?

山はどうやって山になる?

山は、最初から山として存在していたわけではありません。雄大にそびえる山がある場所も、かつては平坦な土地でした。では、どのようにして山は山になったのでしょうか。

山のでき方は、大きく分けて二つあります。

一つは、火山です。火山は、地表からの噴火で流出した溶岩が冷え固まって積み重なり、だんだん高くなってできたものです。わが国の火山で一番有名なのは、なんといっても富士山でしょう。富士山は、大きく分けて三回の爆発によって噴出した溶岩が積み重なって高くなった山です。

もう一つは、地面にしわが寄ってできた山です。下敷きを水平にもって両脇から押すと、ゆがんで山型になりますね。わが国で二番目に高い山である北岳《きただけ》（山梨

◆2通りの山のでき方

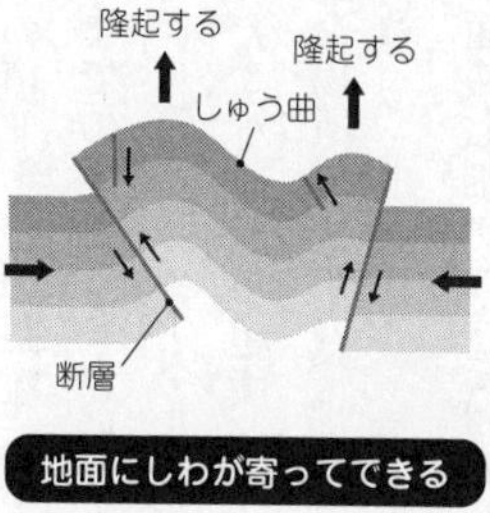

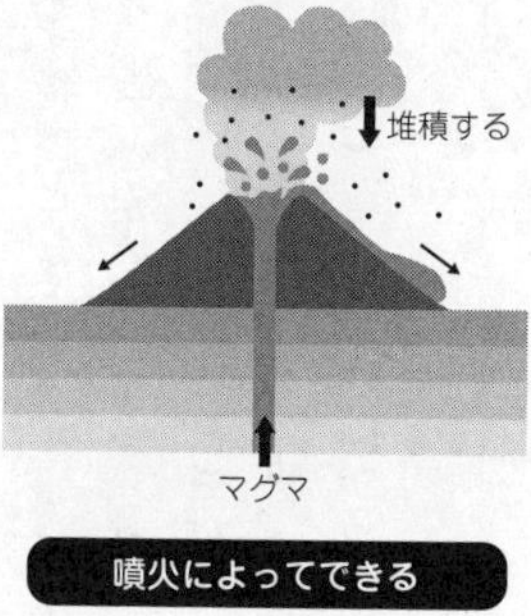

県）は、地殻の動きによって両側からギュッと押される力（しゅう曲）がはたらいてできた山です。

北岳は、海底にたまった堆積岩からできており、火山ではありません。海外では、北米大陸のロッキー山脈やインドとチベットの間にあるヒマラヤ山脈、ヨーロッパのアルプス山脈などが北岳と同じ原理でできた山です。

エベレストの高さの測り方

世界の最高峰として知られるエベレスト（チベット語：チョモランマ）は、標高が八八四八メートルとされています。八八四八メートルという数値は、「地球の中心からエベレストの頂上までの距離」から「地球の中心からエベレスト地点のジオイド(平均海面)までの距離」を引いたものです。

地球には、八〇〇〇メートルを超える高さの山や、一万メートルを超える深さの海溝など、大きな地形の起伏があります。さらに、地殻構造の密度は不均質であり、高密度な場所では重力が局所的に大きくはたらくため、地球の重力も一定ではありません。

地球は表面の七割が海洋で覆われていることから、測地学では世界の海面の平均位置にもっとも近い「重力の等ポテンシャル面」を「ジオイド」と定め、地球の形状を表す指標としています。日本では、東京湾の平均海面(平均的な海水位)を「ジオイド」と定めています(離島を除く)。

つまり、エベレストの高さは、エベレスト地点での平均海面(ジオイド)から山頂までの高さということです。標高のことを海抜八八四八メートルという言い方をするのは、そのような理由からです。

◆山の高さを表す３通りの方法

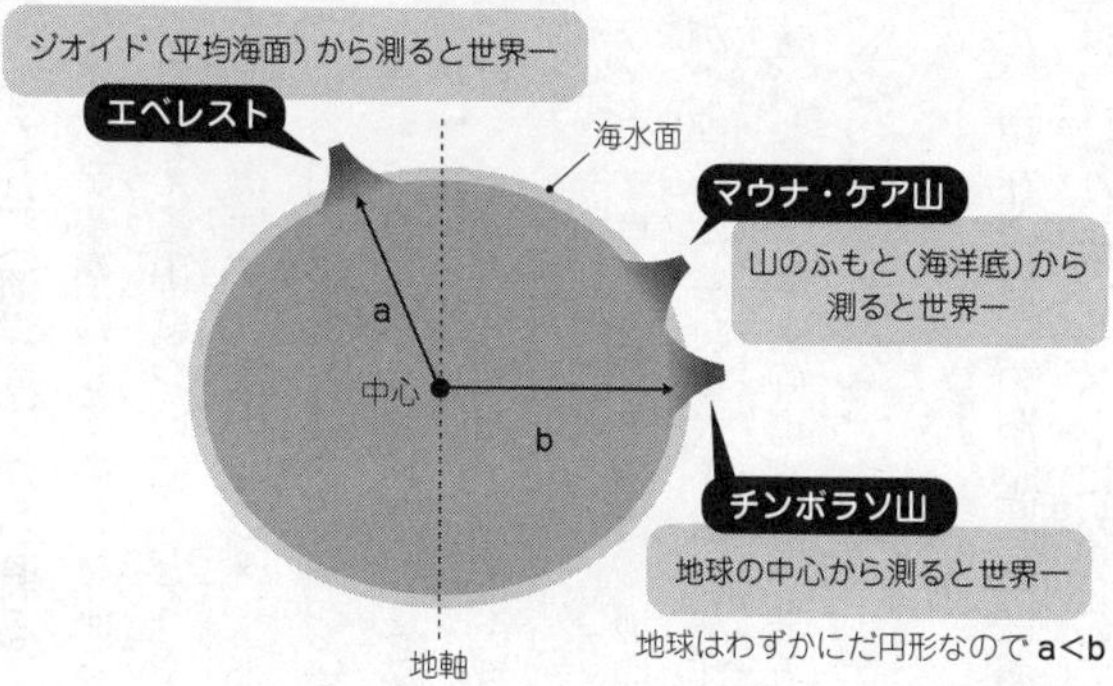

地球の中心から測る

高度の計算基準を、ジオイドではなく「地球の中心からの距離」と仮定してみましょう。すると、世界一高い山はエベレストではなく、赤道付近にあるチンボラソ山（標高六三一〇メートル）になります。

地球は、北極と南極を結ぶ地軸を中心として自転しているため、遠心力で赤道付近が大きく外にふくらみます。その結果、赤道付近は緯度の高い地域にくらべ、地球の中心からの距離が遠くなります。赤道付近の山の頂上は、地球の中心からの距離で換算すると、エベレストの高さよりも二〇〇〇メートルあまり高くなるのです。

山のふもと（海洋底）から測る

ジオイドを基準にして高さを測る場合、陸地にある山は問題ないのですが、海洋底からそびえる山についてはどうやって測ればよいのでしょうか。

例えば、海面下に五〇〇〇メートルの高さがあり、頂上が海面上に一〇〇メートル出ている山の場合、高さは一〇〇メートルです。平均海面から頂上が出ていなければ、そもそも高さを測れないことになってしまいます。

そこで、山のふもとが海洋底にある場合は、海洋底を基準にして山頂までの高さを測ります。

ハワイのマウナ・ケア山は、海面から顔を出しているのは四二〇五メートルほどですが、裾野にあたる太平洋の海洋底から測ると、一万二〇三メートルの高さがあります。エベレストの標高を一三五五メートルも上回ります。もしも地球上の海水がなくなったとしたら、マウナ・ケア山は世界で一番高い山といえるかもしれません。

ただ、現在の標高の測定基準はあくまで「ジオイド」と定められているため、最高峰はやはりエベレストになるのです。

測り方は
1つじゃないんだ

ヒマラヤ山脈はまだ高くなる?

エベレスト山頂に海底の痕跡

世界でもっとも高いヒマラヤ山脈の最高峰であるエベレストは、標高八八四八メートルです。

山頂付近には、登山家がイエローバンドと呼んでいる地層があり、黒い岩肌にくっきりと黄色味をおびた帯のようになっています。イエローバンドの正体は、変成した石灰岩《せっかいがん》です。この石灰岩は、ウニの仲間であるウミユリなどの生物からできたもので、中には化石も含まれています。

イエローバンドを含む地層は、約三億年前に広がっていたテーチス海の底でつくられました。そのとき海洋底でできた地層が、今は八〇〇〇メートル近い山の上にあるのです。

気が遠くなるほどの時間をかけて

テーチス海は、現在のヒマラヤ一帯からヨーロッパアルプスまで続いていました。数千万年前から、ヒマラヤ、アルプス一帯が隆起しはじめ、山々になる大陸が海から出現したのです。

年にたった一ミリメートルしか隆起しなくても、数千万年も経てば、数万メートルになるはずです。実際は、隆起する過程で雨風や河川などによって激しく侵食されるため、隆起と侵食のバランスで山の高さが決まるのです。

では、隆起はどのようにして起こるのでしょうか。

隆起は、インド亜大陸やユーラシア大陸のような、とてつもなく大きな陸地を動かすプレートの運転によって起こります。陸地は、地球表面を覆う厚さ数十~百数十キロメートル程度の分厚い岩石からなる十数枚のプレートにのっており、ベルトコンベアのように一年間に数センチメートル程度の速さで移動しています。

つまり、ヒマラヤ山脈は、もともとインド亜大陸を乗せたプレートがユーラシアプレートに衝突し、その間にあったテーチス海に堆積していた地層が、現在の高さまで上昇してできたと考えられています。しかもこの上昇は、今も続いています。

◆ヒマラヤ山脈の形成

6500万年前

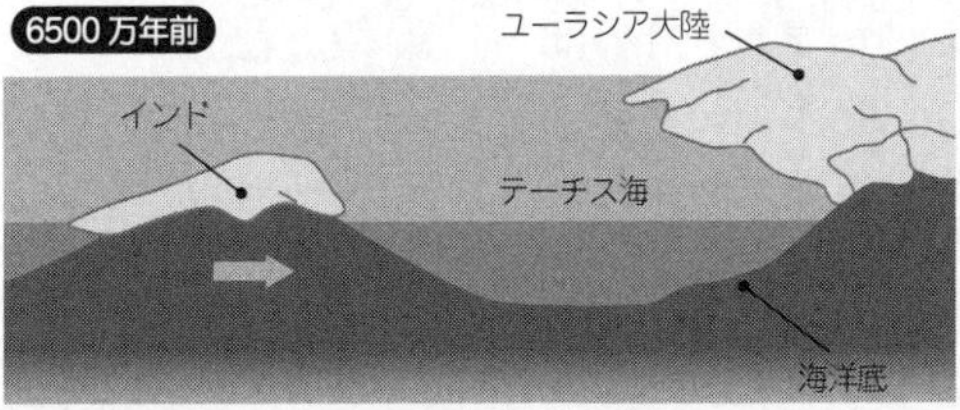

かつて南半球にあったインド亜大陸が北上する

5000万年前

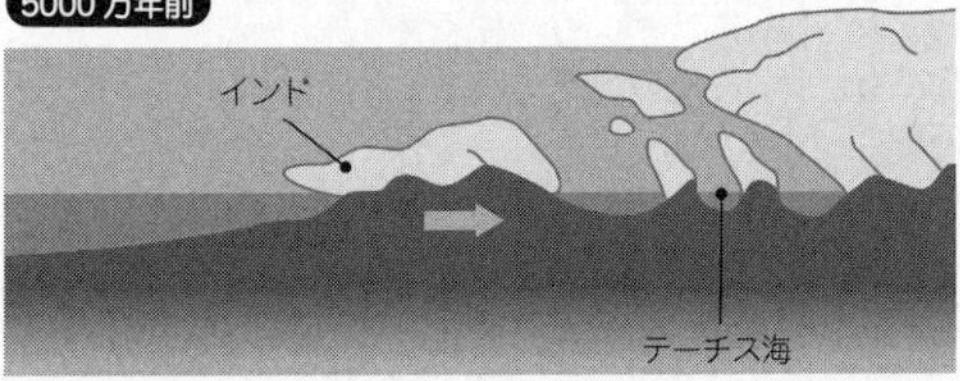

テーチス海の海洋底は押し上げられ、浅い海になる

現　在

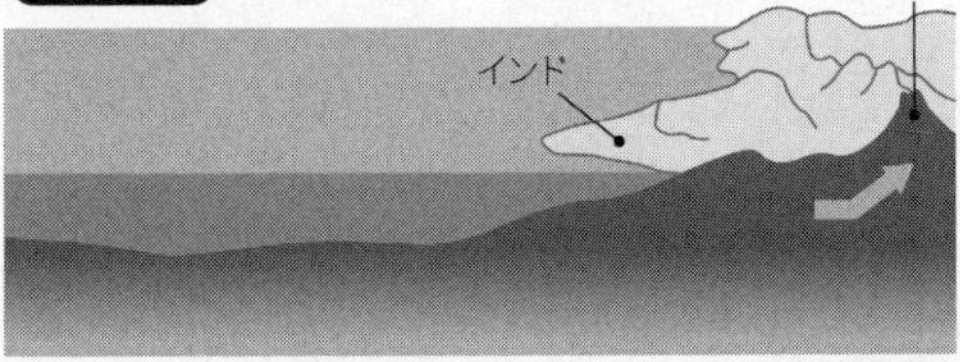

インド亜大陸がユーラシア大陸にぶつかり、ヒマラヤ山脈ができる。
テーチス海は消滅

日本の地形の誕生

日本列島の場合はどうでしょうか。

私たちが現在、見ている山地や平野は、地球の歴史でいうと、つい最近できました。第四紀（約二百六十万年前）以後のことです。それでも、私たちが生活の中で「つい最近」というのとはケタ違いですね。この第四紀という時代に、日本列島はほぼ今の姿に形づくられました。

今から二百六十万年前ごろ、日本列島のあちこちで隆起、あるいは沈降《ちんこう》が始まりました。隆起した場所は高くなっていくと同時に、雨風や河川によってどんどんけずりとられていきます。けずりとられる量より隆起量が上まわったところは山になっていったのです。

一方、沈降した場所は盆地になります。沈降とともに、まわりの隆起している山地からもたらされた土砂の堆積によって平野が出現しました。

このような隆起と沈降を「地殻変動」といいます。日本でもっとも隆起量が大きかったのは飛驒《ひだ》山脈で一五〇〇メートル以上、もっとも沈降量が大きかったのは関東平野で一〇〇〇メートル以上です。

では、隆起と沈降の速度はどのくらいでしょうか。

変動した量を約二百六十万年で割ると、平均の速さがわかります。最大の隆起を示す飛騨山脈、最大の沈降を示す関東平野でも、千年あたりおよそ〇・六～〇・四メートル、一年にすると〇・六～〇・四ミリメートルです。

一年間あたりの上昇量は、関東山地が〇・五ミリメートル、四国山地は一～二ミリメートル、赤石山脈では一年間に四ミリメートルになるという報告があります。一年に一ミリメートルでも、二百六十万年では二六〇〇メートルになります。まさに、「塵も積もれば山となる」とはこのことです。

ヒマラヤ山脈の隆起は一年間に一〇ミリメートル以上といわれますので、日本の山脈と比べるとずっと大きいですね。

改めて、インド亜大陸とユーラシア大陸のぶつかり合いの大きさに驚きます。

すごい力だね！
ぐいぐい

日本の火山は何タイプ？

噴火＝マグマの噴出

火山の噴火は、どのようにして起こるのでしょうか。

地球内部には、高温のためどろどろに融《と》けた岩石（マグマ）があります。マグマは地表近くに上昇し、いったんマグマ溜まりに蓄えられた後、地下の割れ目などの弱い部分をつきやぶって地表に噴き出します。

マグマは、深さ数十〜二九〇〇キロメートルのマントルのなかでも、比較的浅い部分にある上部マントルでつくられると考えられています。ちなみに、地球の内部はとても熱いのですが、上部マントル（数十〜数百キロメートル）のすべての岩石が融けているわけではありません。

マグマができるしくみについては、いくつか説があります。

一つは、「水の混入による融点低下説」です。日本列島のように、大洋に面する

◆水の混入による融点低下説

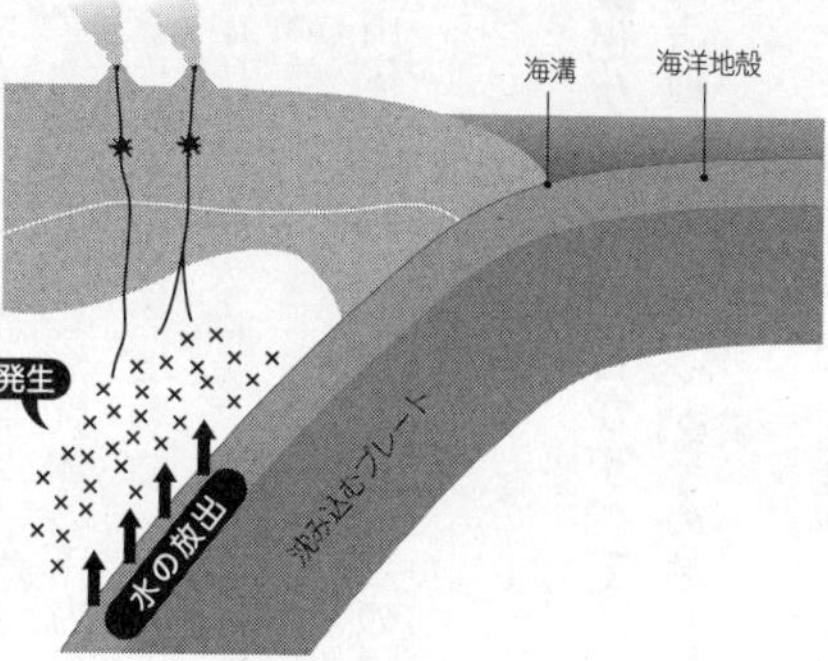

側を海溝で縁どられた細長い島の列を「島《とう》弧《こ》」といい、島弧の海溝付近では、陸に向かってプレートがどんどん沈み込んでいます。プレートの沈み込みによって大量の水がマントル内部に持ち込まれると、岩石の融点が下がり、マグマが生じるというメカニズムです。

もう一つは、「減圧融解説」です。海溝付近とは対照的に、海嶺などの海洋プレートのわき出し口では、プレートとともにマントルが上昇します。高圧の地下から低圧の地表付近に持ち上げられることで岩石の一部が融け出し、マグマが生じるというしくみです。

マグマ溜まりは、地殻とマントルとの境

界から火山の地下数キロメートルまで、広く存在する可能性があるといわれています。

マグマが、マグマ溜まりから地表に噴き出す一連の現象を「火山活動」と呼びます。マグマから発生した気体の圧力によって大爆発、つまり噴火が起こるのです。このとき火口から溶岩（約一〇〇〇～一二〇〇℃）が流れ出す他に、火山弾、火山レキ、火山灰などが火山ガスとともに噴出します。

噴火の前には、地下で岩盤が破壊されて地震が頻発したり、マグマやガスの膨張により山体が隆起したりするなどの現象が見られることが多く、ある程度、噴火を予知することができます。

二酸化ケイ素の割合がすべて

火山活動の様子は、マグマの粘り気や含まれるガスの量などによって違いがあります。

マグマには、二酸化ケイ素という物質が含まれます。二酸化ケイ素の結晶体として代表的なのは、石英《せきえい》です。とくに無色透明なものを水晶といいます。地殻中の元

◆水晶

素の存在度（質量パーセント）で、一番が酸素、二番がケイ素ですから、地殻をつくる岩石の中には酸素とケイ素の化合物である二酸化ケイ素がかなり含まれているのです。

マグマに含まれる二酸化ケイ素が多いほど、溶岩の粘り気は大きくなり、粘り気の大きい溶岩ほど、高く盛り上がって傾斜の急な火山になる傾向があります。二酸化ケイ素の割合が低く粘り気が小さいと、溶岩はさらさらと静かに流れて傾斜のゆるやかな火山になりやすいのです。

噴火の仕方も、二酸化ケイ素の含有量によって変わります。二酸化ケイ素の割合が低いマグマは、ガスが抜けやすく比較的静かな噴火になりやすいのに対し、二酸化ケイ素の割合が高いマグマは溶岩の粘り気が増すとともにガスが抜けにく

◆二酸化ケイ素の含有割合と溶岩の状態等

		二酸化ケイ素の含有割合		
		多い（70％以上）		少ない（50％以下）
溶岩の状態等	噴出時の溶岩の温度	低（約 1000℃）	⇦ 中間 ⇨	高（約 1200℃）
	噴出時の溶岩の粘り気	大きい		小さい
	溶岩の固まりかた	盛り上がる		うすく広がる
	噴火のようす	爆発的な噴火		溶岩が静かに流れる
【火山の例】		昭和新山	浅間山	キラウェア（ハワイ）

く、爆発的に噴火する傾向があります。

さらに溶岩の粘り気が大きくなると、溶岩が固まったまま隆起してドームをつくったり、火砕流《かさいりゅう》を発生させたりするようになります。日本の火山の多くは、マグマに二酸化ケイ素を多く含んでおり、爆発的に噴火するタイプに該当します。

昭和新山《しょうわしんざん》と平成新山《へいせいしんざん》（一九九〇年に雲仙《うんぜん》普賢岳《ふげんだけ》が噴火し、その結果、普賢岳より高いドームが誕生）は、どちらも二酸化ケイ素を多く含むマグマによってつくられた火山の典型です。

「縄文杉」の樹齢を疑う

屋久島《やくしま》には、「縄文杉《じょうもんすぎ》」という屋久杉が

生きています。樹齢が七千二百年と推定されたことから縄文杉と呼ばれるようになったのですが、この樹齢はどうも疑わしいことがわかってきました。

屋久島からほど近い、鹿児島の南方に位置する硫黄島《いおうじま》と竹島《たけしま》の間に「鬼界《きかい》カルデラ」という地形があります。カルデラとは、噴火によってできた大きな窪地《くぼち》を指します。鬼界カルデラができたのは、約七千三百年前。そのときの噴火は大規模火砕流で、一度噴出した溶岩や火山灰がそのまま冷えて固まることなく、さらに融けるほどの高温でした。

火砕流は九州一帯を襲ったと考えられており、その結果、当時九州に生息していた生物はほとんど絶滅したのではないかと考えられます。屋久島も当然、火砕流の影響を受けたはずです。

空高く噴き上げられた火山灰は北海道まで運ばれ、多いところでは一〇センチメートルほどの厚さに積もり、現在も残っています。

ちなみに、縄文杉の樹齢は放射性元素の崩壊による年代測定結果から、三千〜四千年（二千七百年という説もある）というのが通説になっています。

火山を愛した郵便局長

麦畑の中に火山ができた

一九四三年十二月二十八日のこと、有珠山《うすざん》北西麓の洞爺湖《とうやこ》温泉街を中心に、突然地震が頻発しはじめました。ちょうど第二次世界大戦のさなか、次第に敗色が濃くなっていた時代です。

当時、北海道壮瞥村《そうべつ》（現・壮瞥町）の郵便局長であった三松正夫《みまつまさお》は、一九一〇年に起きた有珠山噴火の際に東京大学の大森房吉《おおもりふさきち》氏の現地観測を手伝い、「明治新山」の誕生を見た経験がありました。

そのときの経験から火山の知識がいくぶんあったため、初震を感じると同時に有珠山が動きだしたと察して、ただちに現場に走りました。知り合いの火山学者たちにも、すぐに異変を打電しました。

しかし、科学者は戦争に役立てるための調査・研究に追われており、現場に来ることはできませんでした。軍部はといえば、戦時下にこのような地変があったと知れば国民が動揺するという理由で、内密にすることに必死でした。

その後、壮瞥村の麦畑の地面はどんどん盛り上がり、火口ができて何度か噴火が起こりました。そして終戦直後の一九四五年九月二十日、溶岩ドームが盛り上がり、海抜四〇七メートルに達したところで活動は終息しました。「昭和新山」の誕生です。

頂上に溶岩塔が突き出た形状は、ベロニーテ型火山と呼ばれます。今も赤茶けた山塊《さんかい》から噴気を上げ続けています。現在、標高三九八メートルで、温度低下と侵食などによって年々縮んでいます。

世界が驚くミマツダイヤグラム

火山学者や軍部の協力を得られないまま、三松はやむを得ず、自分で事実を観察し、残すことにしました。大戦中、食料もなく、フィルム、紙、衣料にさえ事欠くころ、「噴火は地球の内部を探る最大のチャンス」の教えにしたがい、寝食を忘れ、また創意工夫を重ねて、活動の一部始終を記録したのです。郵便局の裏手に糸

◆昭和新山隆起図（ミマツダイヤグラム）

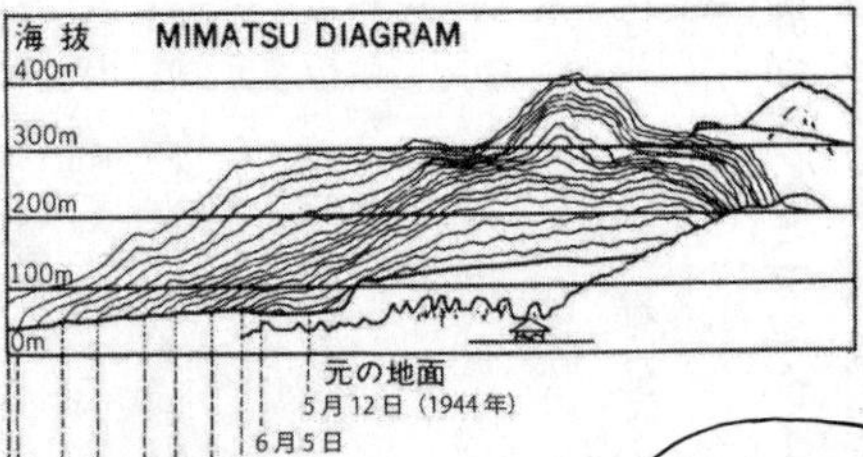

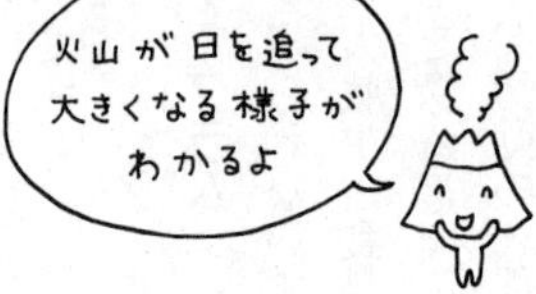

を張り、そのラインを基準に山の高さをスケッチしたといいます。

こうして、火山の活動開始から終息までの過程を記録した「ミマツダイヤグラム」が完成しました。世界で初めてのことでした。

ミマツダイヤグラムは、二枚の図からなります。一枚は、稜線の変化の記録を一枚の図に重ねた「昭和新山隆起図」です。もう一枚は、活動開始から終息までの観測資料の集大成として、郵便局における体感地震回数と噴火・隆起との相関関係をまとめた「時系列相関関係図」です。

この二枚は一九四八年、ノルウェーの

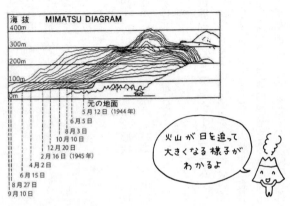

オスロ市で開催された万国火山会議に、田中館秀三《たなかだてひでぞう》の尽力で提出されました。会議の参加者たちは、戦時下の日本の僻地《へきち》において火山誕生の詳細な記録が、しかも素人の手で残されていたことに驚嘆しました。以後、ミマツダイヤグラムは、火山学の歴史上に燦然《さんぜん》と輝く業績となったのです。

活火山を買った男

一九四六年に、三松はなんと昭和新山を購入しています。昭和新山は成長過程が世界で初めて確認された「隆起型火山」の貴重な標本であり、また、地球の破壊力と再生力を末永く見届けるためにも一帯を保全すべきだと考えたのです。

さらに、麦畑が火山になってしまい生活の術《すべ》を失った罹災《りさい》農民のため、国や北海道に救済を求め、陳情活動に奔走しました。しかし、災害の元凶である火山を保護することなどありえないと相手にもされませんでした。

そこで、やむなく私財二万八〇〇〇円を投じて、主要部分四二ヘクタール余りを買い取ったのです。こうして三松は、「世界で初めての活火山所有者」になったのでした。

一九七七年、昭和新山を愛した三松は八十九歳の生涯を閉じました。彼の志は、現在、三松正夫記念館館長の三松三朗《さぶろう》氏（三松正夫の女婿《じょせい》）に引き継がれています。

昭和新山に登るには

昭和新山は、かつて一般に開放され、地熱と噴気音を感じながら生きた火山に親しむことのできる唯一の場でした。それが、一九七七年の有珠山噴火以降、ドーム崩落の危険性が指摘されるようになり、事故防止のために今は入山が規制されています。

私は、火山を科学する目的で地主の三松三朗氏の特別な許可を得て、当時壮瞥町の理科教諭であった横山光《ひかり》氏（火山マイスター）の案内のもと、昭和新山に登ったことがあります。熱気を発している火口で卵をゆでたりもしました。山を下りて三松正夫記念館にうかがうと、三松館長は私たちが山頂に立っている姿を写真に撮っておき、プリントしてくださいました。

昭和新山は低山ですが、地盤が崩れやすいうえに足もとの悪い場所が多く、滑落《かつらく》すれば死にいたる危険性の高い山です。どうしても昭和新山に登山したい人は、昭和新山学習登山などのイベントが開催されるときに参加するとよいでしょう。

昭和新山を訪れる際は、三松正夫記念館に立ち寄って、彼の思いや努力のこもった資料をぜひ見てください。きっと、目の前の火山に格別の興味がわくことでしょう。

化石になるのも楽じゃない

ベリンガー教授の悲劇

十六、十七世紀ごろのヨーロッパでは、大建築や運河の工事が盛んに行われていました。地中を深く掘り返したところ、爬虫類《はちゅうるい》や魚の骨らしきもの、貝殻、石のようになった木の根や幹など、今でいう化石がたくさん掘り出されました。

当時、まだ化石の存在は知られておらず、研究者によってさまざまな推測がなされました。

万能の天才といわれるレオナルド・ダ・ヴィンチは、「これは古代の動植物の遺骸が地中に埋もれ、長い年月が経つうちに石に変わったものだろう」と正しい分析をしていましたが、当時は少数意見に過ぎませんでした。

もっとも支配的だったのは、「大地の造形力によってつくられたが、生命力をもつに至らなかったものである」という造形力説の考えでした。化石は自然の戯《たわむ》れの産物か、神秘的な造形力がもたらしたものだというわけです。

ドイツのヴュルツブルク大学で教授職にあったヨハン・ベリンガー（一六七〇？～一七四〇）は、化石の研究者として名の知れた人物でした。彼もご多分に漏れず、「化石は、神が気まぐれにつくった石の細工物である」という考えを強く主張していました。

ベリンガーは、自説をより強力に裏づける証拠を得ようと三人の少年をやとい、付近の山地で化石を探させました。やがて少年たちは、鳥、カメ、ヘビ、カエル、昆虫、魚などを彫った石、花や草木を描いた石、太陽や月、星、彗星《すいせい》などを描いた石のほか、ラテン語やアラビア語、ヘブライ語の文字を刻んだ石などを続々ともってきました。もちこまれた石の総数は二〇〇〇点にも達したといいます。

ベリンガーは、これらの資料をもとに、一七二六年に美しい図版を入れた解説書を出版します。学者たちは争うようにしてその本を読み、ヨーロッパ中がこの不思議な石の話題でわき立ったのです。

ところがある日、ベリンガーは、少年たちが掘り出してきた石のなかに、自分の名前が刻まれた化石を見つけました。このとき、これまで発見した数々の化石がい

◆ベリンガーがだまされた化石

たずらだったと判明したのです。ベリンガーは名誉毀損《めいよきそん》の刑事告発を行いました。その聴聞会で、同僚の教授と大学司書の二人が、傲慢《ごうまん》なベリンガーをへこませてやろうといたずらをしたことがわかりました。裁判の結果は、ベリンガーの勝訴になりました。

ベリンガーは、その後も教職を続け、死後に解説書の第二版が発行されました。その間にも化石が生物起源であることがはっきりしていきました。

奇跡的な条件のもとで

生物が化石になるためには、条件があります。条件とは、「からだを動物に食べられない、かつ腐らない場所でうまい具合に死ぬ」

ことです。動物に食べられずにすんだとしても、カビや細菌によって分解される（腐る）危険性は高いのです。

そんな条件の整った場所は、深い土中しかありません。土中深くうずめられれば、動物に食べられる心配もありませんし、からだを腐らせる細菌もいなくなります。さらにその上に土砂が堆積して長い時間がたつことによって、土砂もその中に閉じこめられた生物も、だんだん固い岩石へと変化していくのです。

ただし、生物のからだがそのまますべて残るわけではありません。生物が土中に閉じこめられてから何万年、何千万年、さらには何億年もの時間がたつ間に、分解されやすい部分は消えてなくなり、生物のからだのごく一部が鉱物に置き換わるなどして残ります。

例えば自然界で動物の骨が化石になって残る割合は、だいたい一〇億本のうちの一本だろうと考えられています。人間のからだの骨は、一人あたり二〇六本。いま日本に生きている全員の骨のうち、化石になれるのは全部で二十数本という計算になります。二十数本というと、一人の人間の骨の一割ほどにしかならない数なのです。

からだのある化石、ない化石

一九〇〇年、シベリアで、氷づけになったマンモスが毛や肉を残したままの姿で発見されました。その肉を、犬がよろこんで食べたといいます。このマンモスも「氷づめの化石」といえます。

一方、からだが残っていない化石として知られるのは、ドイツで約一億五千万年前（中生代《ちゅうせいだい》ジュラ紀）の地層から発見されたクラゲです。クラゲのからだは残っておらず、クラゲの姿の「印象の化石」です。クラゲが静かに砂や泥の上に横たわった後に、上からすばやく、そして静かに砂や泥が堆積して、上下の砂泥にクラゲの印象を残したのです。

同様に、恐竜が歩いた足跡が岩石の上に残された「足跡の化石」や、ゴカイなどの多毛類《たもうるい》、カニなどの甲殻類《こうかくるい》の這った跡が刻まれた「這い跡の化石」などがあります。動物の糞《ふん》の化石も見つかりました。

そのほか、カニの穴やボーリングシェルという貝があけた巣穴など、動物が暮らした巣も化石として各地に残っています。これらを「生痕《せいこん》化石」と呼んでいます。

つまり、大昔の生物が残したものなら、なんでも化石といっていいのです。化石ということばは、英語でフォシル（fossil）といい、ラテン語の「地球から掘り出された」という意味からつけられました。

「生きた化石」の正体

一方、「生きた化石」といわれるシーラカンスのような生物もいます。

シーラカンスは化石としてのみ知られていて、絶滅したと考えられていました。ところが、一九三八年、南アフリカのチャルムナ川で漁船の網にかかり発見されました。

シーラカンスの解剖学的性質を調べたところ、現生の魚類とは著しく異なり、古《こ》生代《せいだい》（デボン紀）の生物の型であることがわかりました。四億年もの昔からほとんど姿を変えることなく現代でも生き残っていることから、「生きた化石」といわれるようになったのです。

植物の「生きた化石」では銀杏《いちょう》がその代表として有名です。

銀杏は、化石を分析したところ、古生代後期・ペルム紀の二億八千万年前ごろに出現し、恐竜が繁栄していた中生代ジュラ紀にもっとも繁栄していたことがわかっています。当時は一七種類の銀杏の仲間がありました。そして、ヨーロッパでは中生代末期には恐竜とともに滅んだと考えられていました。

ところが一六九〇年、長崎オランダ商館の医師として出島に着任したエンゲルベルト・ケンペルが、長崎の寺に銀杏が植わっているのを見つけます。

絶滅したはずの銀杏が、どうして長崎の地で見つかったのでしょうか。

実は、中国南部の地ではジュラ紀以降も一種類の銀杏が生き延びていました。その銀杏が、仏教の伝来とともに九州から日本国内に持ち込まれ、再び広がっていったらしいのです。

銀杏はおよそ一億五千万年前からその姿を変えていないで今も生きているのです。

「生きた化石」には、シーラカンスや銀杏以外にも、動物では、カブトガニ、オウムガイ、ハイギョ、オオサンショウウオ、カモノハシなど、植物では、メタセコイア、ソテツなどがあります。

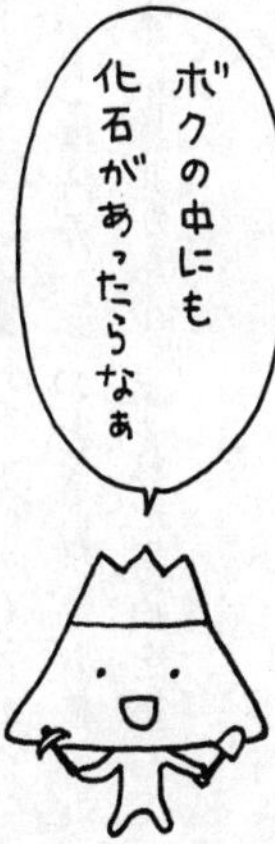
ボクの中にも
化石があったらなぁ

地球は大きな磁石なの？

磁石のN極が指す方角

小学校の理科の時間に、棒磁石をプラスチックトレーの上に乗せ、水に浮かべて方位を調べる実験をした方も多いのではないでしょうか。そのときに、「N極は北を指す」と習ったと思いますが、正確には、常に真北から少しずれた方角を指しているのです。

ずれの大きさは測定する場所によって変わり、東京では真北から約七度西にずれた方向を指します。つまり、N極が指した方向から東に七度ずらした（補正した）方向が真北です。磁石の指す方位と実際の方位とのずれを「偏角《へんかく》」といい、およそ三百五十年前には、今とは逆の東側に八度ずれていたことがわかっています。

これは地球の磁極《じきょく》（地磁気《ちじき》のN極・S極）がゆっくりと移動しているからで、「地磁気の永年変化」と呼びます。この程度のずれなら、ふだん生活するぶんには無視

◆偏角

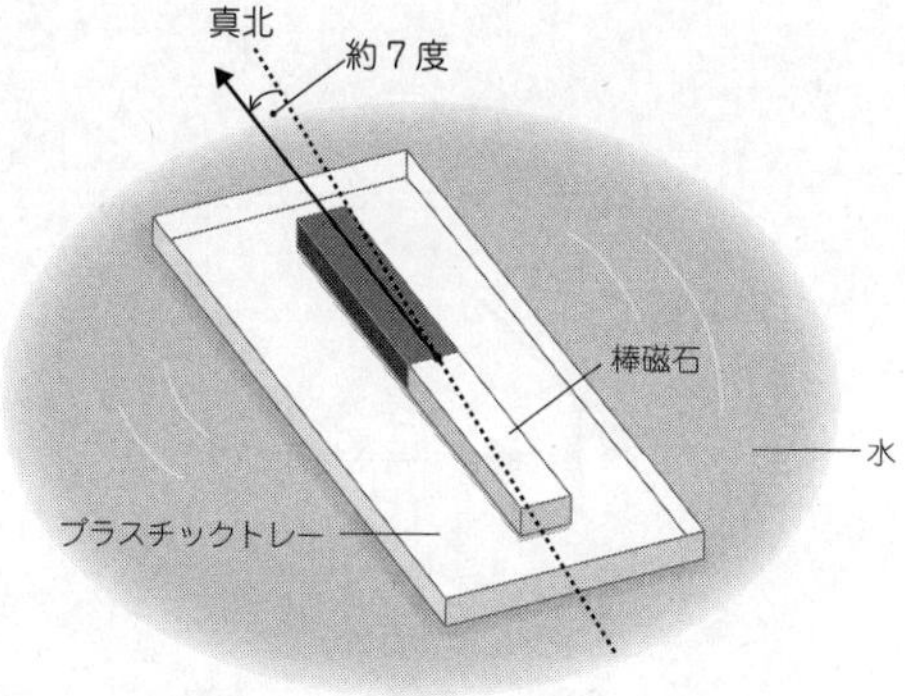

しても困りませんが、例えば地図をつくるときなどには致命的です。

測量学者の伊能忠敬《いのうただたか》は、およそ二百年前に驚くほど正確な日本地図を完成させました。まだ偏角の存在など知られていなかった時代、天体の動きと方位磁石（コンパス）での測量値が大きくずれてもおかしくなかったはずです。

いったい、どのような方法を使ったのでしょう。

伊能が全国を徒歩で測量した時代は、偏角がちょうど東から西に移り変わるタイミング、つまり偏角がゼロに近いときでした。測量値のずれは、ほぼ生じていなかったことになります。測量の技術もさることながら、そ

◆伏角計

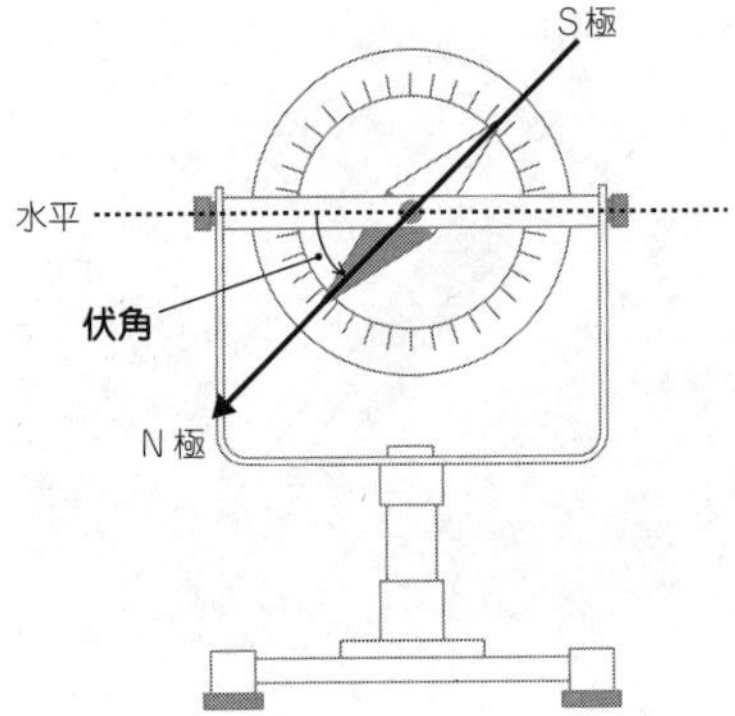

んな幸運にも恵まれていたのですね。

方位磁石のからくり

方位磁石を使うときに磁針をよく見ると、水平ではなくN極がわずかに下に傾いているのがわかります。下に傾くのは北半球ではN極、南半球はS極と決まってい て、赤道から両極に向かうにしたがって傾きが大きくなります。この傾きの角度を「伏角《ふっかく》」といい、伏角を測定するには伏角計を用います。

東京の伏角はおよそ五〇度なので、本来ならば、方位磁石のN極の針は五〇度下を向いてしまいます。しかし、針が大きく傾くと、磁石の軸と軸受けが干渉しあって自由に回転しなくなります。それを防ぐために、方位磁石のS極側の針をあらかじめ重たくしておき、水平になるようバランスを取ったつくりになっています。

では、日本製の方位磁石を南半球で使うとどうなるでしょう。

実際にニュージーランドに持ち込んで調べたところ、案の定、S極側が大きく傾いて回転しづらくなってしまいました。S極側に伏角のある南半球では、N極側が重たくなるよう方位磁石がつくられています。

N極のNはNorthのN?

方位磁石のN極が常に北を向くことから、地球は巨大な磁石であると想像できます。それでは、地球の北極にはN極があるのでしょうか？　それともS極があるのでしょうか？　「N極のNはNorthのNだから、北極はN極！」と思っている方も少なくないかもしれません。

確かに、北の方角を示すNはNorth、南の方角を示すSはSouthの頭文字ですが、実際は北極にS極が、南極にN極があるのです。これは、N極とS極が引き合うという磁石の原理を思い出せば、なんら不思議なことではありません。つまり、方位磁石のN極が北極側にあるS極と引き合って北を向いているのです。

それなら北を向くほうをS極にすればよかったのに……と思われるかもしれませんがそうもいきませんでした。というのも、地磁気、つまり地球が大きな磁石になっていることが発見されるより前に、磁石の北を向くほうをN極、南を向くほうをS極と名づけてしまったからです。

当時、磁石が北を指す理由は「北極星が磁石を引きつけるから」とか「磁石でできた島が北のどこかにあるから」などと信じられていたのです。

磁力線からわかること

白い紙の上に砂鉄をまぶし、下から棒磁石を当てて紙を軽く叩くと、N極とS極を結ぶ磁力線《じりょくせん》の模様が出てきます（図a）。では、地球そのものを大きな磁石だとすると、地球のまわりにも同様に磁力線ができるはずです。

方位磁石の向きは磁力線に沿うので、偏角と伏角がわかれば磁力線がわかります。伏角は北極に近づくほど下、つまり地面の方を指します。こうして得られた磁力線の様子が図bです。

◆棒磁石の磁力線

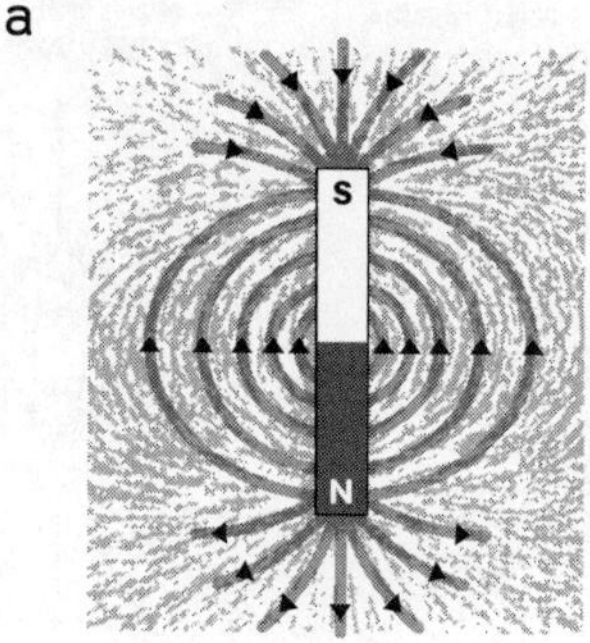

◆伏角と偏角から求めた地球の磁力線

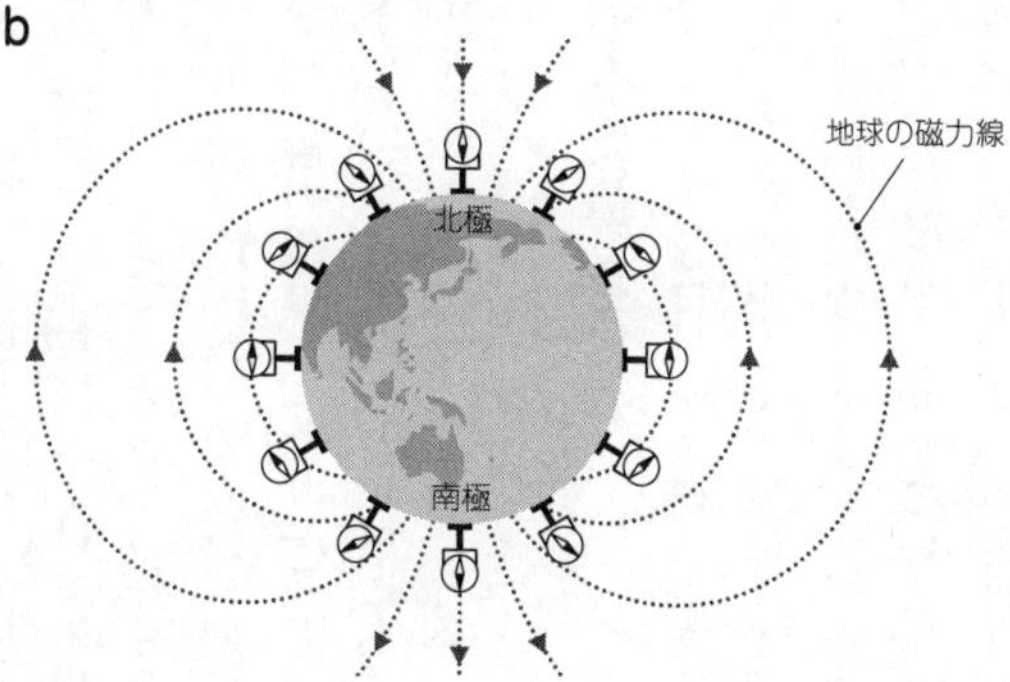

◆地球内部には短い磁石があることがわかる

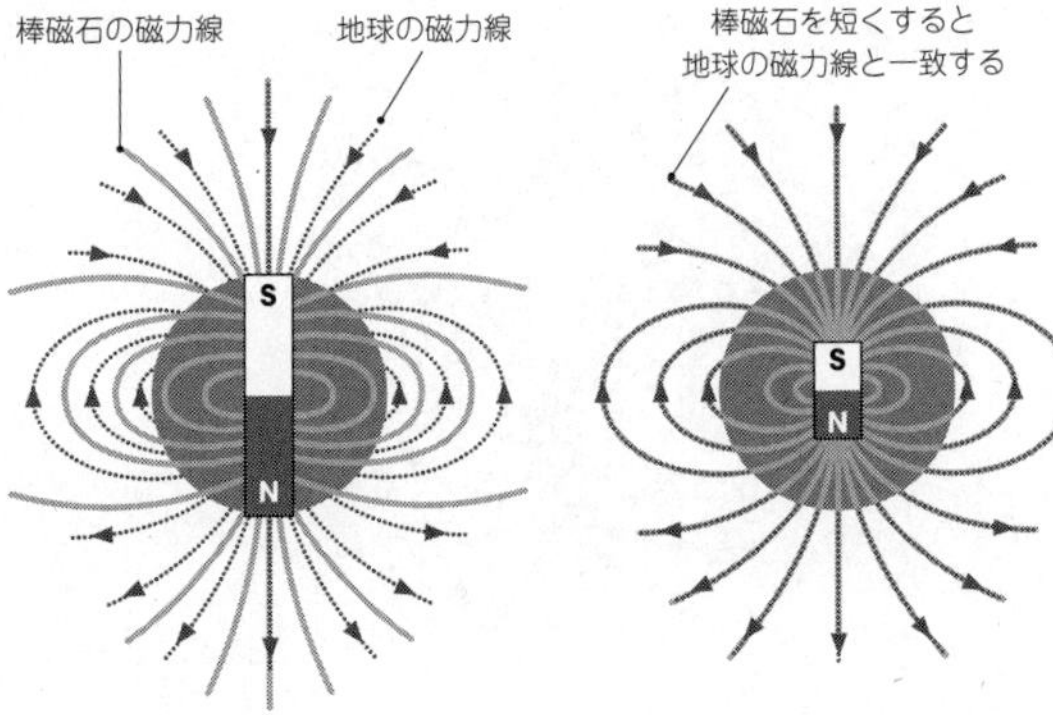

では、図aとbを重ねてみましょう（上図参照）。地球の直径と磁石の長さを同じにしてみると、両極から中緯度にかけての磁力線が合いません。そこで、棒磁石の長さを調整してちょうど地球の「核」の直径程度に短くしてみると、磁力線はぴったり一致します。この結果から、地磁気のもとが核にあることがわかります。

地球は大きな電磁石

その昔、地球の核には永久磁石があると考えられていました。確かに、核は鉄でできているので永久磁石になりえますが、その考えは誤りであったことがわかっています。

永久磁石は、ある温度よりも温度が上がる

◆電磁石の原理と地球ダイナモ理論

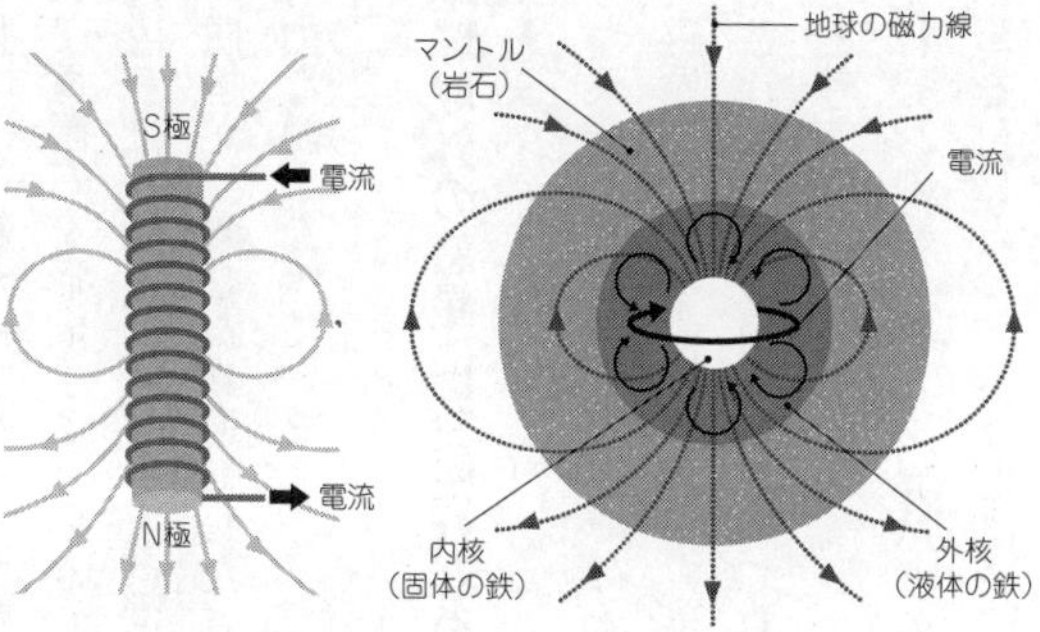

と磁性を失います。この温度を「キュリー点」といい、鉄でできた磁石の場合は七七〇℃です。核の温度はおよそ四〇〇〇℃以上なので、キュリー点を超えていて磁性を保つのは不可能です。

つまり、地球の中に永久磁石は存在できないことになります。そこで、新たに考えられたのが「地球ダイナモ理論」です。ダイナモとは発電機の意味であり、核自らが発電して得た電流で電磁石になっているという説です。

一般的な電磁石は、鉄芯のまわりのコイルに電流を流すと磁界が生じます。地球では、鉄でできた核の外部（外核）が液体になっており、核の内部（内核）は固体の状態です。

導電体である鉄が磁力をもって対流すると電流が生じ、その電流が内核のまわりを流れて電磁石を形成するというしくみです。

電磁石は、高温になっても磁性を失いません。さらに、核内の対流が変化すれば、磁極が移動したり逆転したりする現象も説明できるので、現在のところもっとも有力な説となっています。

地球以外の惑星にも磁界がある?

ＮＡＳＡ（米航空宇宙局）が打ち上げた宇宙探査機の調査から、地球の他に磁界をもつ天体として、太陽系では水星、木星、土星、天王星、海王星が知られています。磁界をもたないのは月、火星、金星ですが、このうち月と火星の表面には永久磁化された岩石帯が見つかっており、かつてはダイナモのはたらきによる磁界があったと考えられています。

それぞれの惑星で、磁界はどのようになっているのでしょうか。

木星を例にとってみましょう。木星の磁石は地球の磁石の二万倍もの強さになります。この強い磁力の影響で太陽風（荷電粒子）が引き寄せられ、木星には大規模なオーロラが出現しています。地球を周回するハッブル望遠鏡で観測することができます。

木星の中心には、地球の重さ（質量）の一〇～一五倍の岩石と氷からなる核があり、まわりを金属状の水素のマントルがとり囲んでいると推定されています。この水素は液状になっており、これが循環してダイナモのはたらきをすると考えられているのです。

地球の磁極は逆転している!?

日本人による大発見

方位磁石は、常にN極が北を、S極が南を向くもの――そんな常識をくつがえし、磁極は逆転すると唱えた日本人がいます。地球物理学者の松山基範《まつやまもとのり》です。

松山は一九二六年、兵庫県の玄武洞《げんぶどう》で火成岩に閉じこめられた熱残留磁気（二四ページ参照）を調べたところ、通常とは逆に磁化していることに気づきます。これが何かの間違いでないとすれば、過去に磁界（磁場）の向きが逆転していた時代があったことを意味します。

実は、松山による発見の二十年前、フランスの地質学者であるベルナール・ブルンが同じような岩石を発見していました。しかし、ブルンはそれが何を意味するのかまでは特定できませんでした。

一方、松山は熱残留磁気の逆転はなぜ起こったのか、原因をつきとめようとしました。国内外で三六カ所にわたって火成岩を精力的に調べ、可能性を探ったところ、結果は、かつて磁極が逆転していたとしか考えられないものでした。

そうして一九二九年、地磁気の逆転説を世界で初めて発表しました。しかし、松山の説は、ほとんど注目されませんでした。というのも、当時は過去の磁気を調べる技術が未熟で、また研究対象にしている研究者も少なく、真偽を確認できる人がいなかったからです。

やがて一九五〇年代に入り古地磁気学《こちじきがく》が発展すると、地磁気の逆転があったことを示す証拠が次々と明らかになり、松山の功績は広く認められるようになりました。松山は一九五八年に亡くなりましたが、一九六四年に発表された地磁気の年表には、ブルンとともに名前が刻まれました。

現在から七十七万四千年前までのブルン正磁極期と、七十七万四千〜二百五十八万年前の松山逆磁極期です。余談ですが、この磁極の逆転したときより後の時代が、新しく命名された「チバニアン」（一〇八ページ参照）です。時代の境界の模範となる地層が日本の千葉にあることから付いた名称ですが、時代の境界の決め手となる地磁気の逆転を発見した人も日本人。チバニアンは本当に日本にゆかりのある

◆地磁気逆転のしくみ

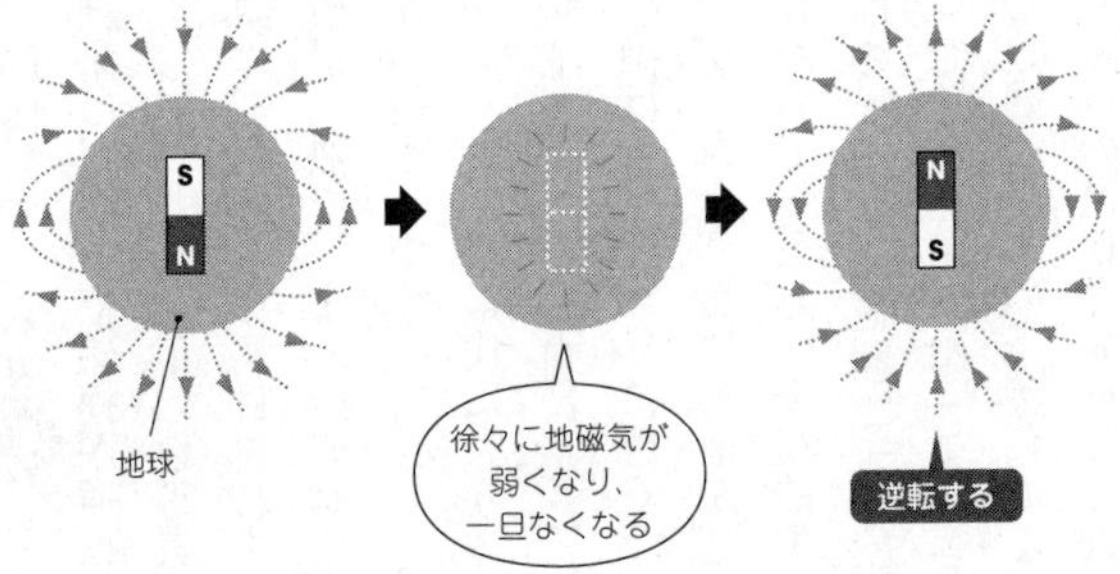

時代なのです。

地磁気逆転の歴史

近年の調査によって、地磁気逆転の歴史は過去数億年まで解明されました。それによると、これまで地球は何度も逆転をくり返してきたことがわかりました。現在のように北極側がS極、南極側がN極になっている期間を正磁極期、逆転した時期を逆磁極期と呼んでいます。これらは同じくらいの頻度で出現しており、どちらが正常でどちらが異常だとはいえません。

とくに、ここ三百六十万年間に起こった一一回の逆転については、かなり詳しい年代まで特定されていますが、出現間隔には規則性がなく、次の逆転がいつ起こるかは推定できません。

逆転はどのようにして起こるのか、その原理も徐々に明らかになっています。逆転にかかる時間は、数百〜数千年程度と考えられています。この説については、もっと短かったと主張する研究者もいます。

いずれにしても、約四十六億年の歴史を持つ地球史的スケールでは、逆転にかかる時間はほんの一瞬といっていいものです。

また、逆転のメカニズムは、磁極軸が一八〇度回転するのではなく、全体の地磁気がだんだん弱くなってほぼゼロになった後、逆向きの地磁気が徐々に大きくなる過程をたどります。

ところで、最近二百年間の地磁気をみると徐々に弱くなっていて、このままの傾向が続けば、あと一千年でゼロになることがわかっています。もしかすると、地球は今まさに地磁気逆転の最中にあるのかもしれません。

地磁気逆転の影響

地磁気がつくり出す磁界は、太陽から常に放出される荷電粒子の流れ（太陽風）に対して、バリアのはたらきをしています。太陽風は、簡単にいうと放射線なので、生物に対して有害です。つまり、地磁気逆転の過程で磁界が極端に弱くなると、地表に生きる生物の命がおびやかされることになります。

しかし、これまで何度も地磁気逆転を経験していますが、そのたびに生物が大量絶滅した形跡はありません。これは、地球を覆う大気が、第二のバリアとして太陽風をはね返すためだと考えられています。

また、極地域で見られる美しいオーロラは、地球磁界のバリアをすり抜けた太陽風が北極と南極にひきよせられ、大気と反応して発光する現象です。

ということは、地磁気逆転の最中は磁界が弱るので太陽風が常に大気圏まで届き、大気圏上空が暖められたり、北極圏・南極圏以外の空でもオーロラが輝くことがあったのかもしれません。

地磁気が
0《ぜロ》になったら
迷っちゃうね
MAP

地球の内部はどうなっている？

地球の内部はゆで卵のよう

地球は半径約六三七一キロメートルのとても大きな球体です。この地球の内部はどうなっているのでしょうか。

地球をゆで卵にたとえて考えていきましょう。

というのは、現在、地球の内部はゆで卵のように層状になっていると考えられているからです。ゆで卵は、中心に向かうにつれて表面のカラ、白身、黄身になっています。地球でカラは地殻、白身はマントル、黄身は核にあたります。

ゆで卵と地球が違うのは、ゆで卵の黄身、つまり地球の核が内核と外核という二つの層に分かれていることです。外核は液体なのに、地球の芯にあたる部分は固体のようなのです。

外核が液体なので完熟ゆで卵より半熟ゆで卵のほうが地球に近いのですが、半熟ゆで卵との違いは黄身の内側が固体だということです。

地殻―マントル―核

地殻は、岩石からできています。地球全体からみると非常に薄いものです。厚さは場所によって異なっています。これが地球とゆで卵の違いです。卵のカラの厚さはどこでも同じようですが、地球の地殻の厚さは地球の至るところで違っています。大陸と海ではその差は一〇倍に達することがあります。大陸では厚く三〇～五〇キロメートルぐらい、海では薄く五～一〇キロメートルぐらいです。

マントルは、深さが二九〇〇キロメートルあたりまでのところです。マントルも岩石からできています。場所によって温度差があり、温度の高いところでは地球内部から表面へ、岩石がゆっくりと動いています。また、温度のそれほど高くないところでは表面から地球内部へ、ゆっくりと動いています。マントル内では、このようなマントル対流が存在していると考えられています。

地下一〇〇～二〇〇キロメートルの深さのマントルの上部で、主にマントルをつくっている岩石が融けてマグマができるところがあります。それが地表に向かって上昇し、いったんある深さでマグマ溜《だ》まりをつくります。このマグマが地表に噴き出す一連の現象が火山の噴火です。

核の温度は、四〇〇〇～六〇〇〇℃という高温だと考えられています。深さ五一〇〇キロメートルより外側の外核とその内側の内核の二つに分かれています。外核も内核とも、おもに鉄でできていると考えられています。

地震で調べる地球の内部

夏になると八百屋さんに並ぶスイカを想い出してください。スイカの中身を切らずに調べるために表面をボンボンとたたき、その音を聴いてうまそうなスイカを判断することがよく行われます。地球は大変大きいので、人がボンボンとたたくらいでは何の変化も示しません。人に代わってたたくもの、それが地震なのです。地震波《しんは》は、地球の内部をぬけて世界各地に伝わります。各地の地震計《じ》の記録を調べると、速くなったり、遅くなったり、時には曲がったりしていることがわかります。

最初に地震波から地球に核があると推定されたのは、一九〇六年のことです。アイルランドの地質学者オールダムが、地震波のP波（縦波）とS波（横波）を明確にし、地球の内部の通り抜け方から地球の中心に核が存在することを明らかにしました。ここで大切なことは、P波は固体・液体・気体のどの状態でもその中を伝わることができるのに対して、S波は固体中しか伝わらないという性質があることです。核はP波が伝わるのにS波は伝わりませんでした。核に液体の層があることがわかったのです。気体の層でもS波は伝わらないのですが、地球内部の圧力を考えると気体は考えられません。

マントルが固体であることも地震波からわかりました。

その三年後、クロアチアの地震学者モホロビチッチは、たくさんの地震の記録を次々と調べて、地球の表面から三〇～五〇キロメートルの深さのところで、地震波の伝わる速度が急に速くなっていることを見つけました。モホロビチッチは、地殻とその真下のマントルとの間にある境界を発見したのです。この境界は、それ以来、〝モホロビチッチ不連続面〟、略してモホ面と呼ばれています。

マントルからやってきたかんらん岩

マントルの物質について、その上部に限っていえば、ダイヤモンドが形成されるキンバーライトパイプとよばれる鉱床のおかげで少しわかってきました。

キンバーライトは二〇〇～三〇〇キロメートルも下の非常に深いところで起こった大爆発により、地表に向けて超スピードで、マグマが上ってきたものです。

キンバーライトは噴出後の変質によって、(水と反応して) かんらん岩から蛇紋岩《じゃもんがん》になっていますが、変質していないものには、かんらん岩や、かんらん石の結晶体が多くふくまれています。そしてキンバーライトパイプ一〇〇本に一本にはダイヤモンドがふくまれています。

そこからマントルの深さ三〇〇キロメートルくらいまで、かんらん岩でできていると考えられるのです。かんらん岩はおもにかんらん石からなります。かんらん石はオリーブ色 (黄緑色) の鉱物で、美しいものは八月の誕生石「ペリドット」という宝石です。緻密《ちみつ》でとても重く、密度 (グラム毎立方センチメートル) は三・〇から三・三にもなります。

実はわが国でも、マントルから蛇紋岩に変質しないで上がってきた新鮮なかんらん岩を見ることができる場所があります。北海道様似町《さまにちょう》のアポイ岳です。アポイ岳周辺はこのような特徴を活かして世界ジオパークに認定されています。ジオパークとは、「地球・大地（ジオ）」と「公園（パーク）」とを組み合わせた言葉です。

人類はマントルに未到達

「地震波の分析からわかることは間接的だから、直接マントルまで掘り進めて、マントルから岩石を取ってきたい」というプロジェクトがありました。一九六〇年代のことです。

このプロジェクトはモホール（モホ面とホール＝〝穴〟の合成語）計画と呼ばれました。

地殻は海洋底なら薄いからと、メキシコの太平洋沖の海底にドリルを四キロメートルほど沈めて、そこから五キロメートルほど掘り進めればマントルに達するはずと考えたのです。しかし、すべては失敗に終わりました。掘り進んだのはたったの一八〇メートルでした。一九六六年、アメリカ議会はかさむ経費と見返りのなさにモホール計画を葬り去りました。

その四年後、当時のソビエト社会主義共和国連邦（ソ連。一九九一年十二月崩壊）の科学者たちが、陸地で挑戦を開始しました。フィンランドとの国境近くのコラ半島（現在、ロシア）に場所を決めて、一五キロメートルの深さを目指したのです。当時、米ソは冷戦の最中で、宇宙開発競争などと共に、もっとも深い穴を掘るという高い技術力を有していることを証明する手段の一つだったのかもしれません。あるいは深い地下の構造を探ることで、石油などの地下資源を得られれば優位になると考えていたと思われます。

マントルまでは到達できませんでしたが、ソ連が十九年後に断念したときには一万二二六二メートルまで掘り進みました。

今、マントルまで掘り進めることに期待されているのは、わが国で二〇〇五年七月に完成した地球深部探査船「ちきゅう」です。

「ちきゅう」は世界最高の掘削能力（海底下七〇〇〇メートル）をもっています。国際深海科学掘削計画（ＩＯＤＰ）の主力船として、「地震発生帯」「マントル調査」「海底下生命圏」「大陸形成」「地球史の変遷」の五つの解明を目標に掲げています。

なかでも、海底下の大深部まで掘削し、今まで人類が到達できなかったマントルのサンプルを採取すること。これこそが「ちきゅう」がつくられた最大の目的なのです。

マントル掘削の事前調査は、二〇一四年夏からハワイ沖で始まりました。マントル調査において ハワイ沖に加え、コスタリカ沖、メキシコ沖の三つのフィールドが候補にあげられています。これら三つの海域はいずれも水深が四〇〇〇メートル近くあります。さらにその海底から六〇〇〇メートル以上も掘り進めなければならず、ドリルパイプの総延長も一〇キロメートル以上に及びます。

二〇一九年十一月、「ちきゅう」の掘削は、海底面から三二六二・五メートルに達しています（世界最深記録）。

大陸の移動、火山活動などの原動力は、マントルの対流であると考えられています。直接、マントルに到達してその部分の岩石を採取してくることで、地球の内部やそのなかの動きについて何が解明されるのか、地球深部探査船「ちきゅう」が人類史上初の快挙をなしとげることを期待したいと思います。

地球深部の環境を実験室でつくる

地球内部は深くなるにつれて温度と圧力が上がっていきます。地球の中心は三六四万気圧で五五〇〇℃という超高圧高温状態です。

このような環境を実験室で再現して、そこで物質がどんな様子かを調べる研究が行われています。

例えば、ブリリアントカットされ先端部を少し切り落としたダイヤモンドを二個向かい合わせにして、その間に試料を入れて六角レンチを使ってネジを締めるだけで、数百万気圧を発生する装置があります。ダイヤモンドなら透明なので外部からの光（エックス線など）を通すので、細く強力なエックス線を用いて、超高圧下での物質の構造などを調べています。

こうして、さまざまなアプローチで地球の内部がどうなっているかを、科学的に推定しています。

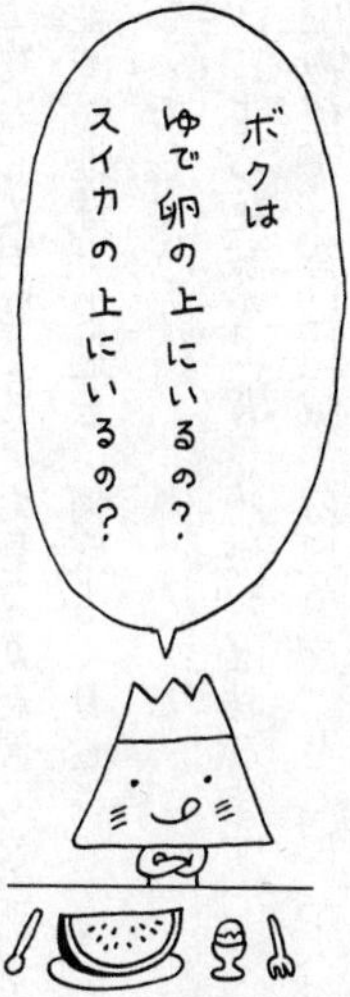
ボクは
ゆで卵の上にいるの？
スイカの上にいるの？

大量絶滅はどうして起こったか？

絶滅はくり返す

六千六百万年前、地球上に最強の生物として君臨していた恐竜が絶滅した話は有名です。でも、このような大規模な絶滅が地球上で過去に何度もくり返されてきたことを、ご存じない方も多いのではないでしょうか。

生物種の絶滅のなかでも、自然淘汰《しぜんとうた》による絶滅を「背景絶滅」と呼びます。一方、あるタイミングで、多くの生物種が一斉に絶滅する現象を、とくに「大量絶滅」と呼んで区別しています。大量絶滅は、自然淘汰によるものではなく、地球環境の異変によって起こると考えられています。

大量絶滅が過去に何度もあったという事実が意味するものは、なんでしょう。

地球は、決して安全を保障された地ではなく、現代を生きる私たちにも、大量絶滅を誘発するような危機が降りかかる可能性があるということです。そのため、過去の大量絶滅について知ることは、人類が地球上で生き延びていくうえで非常に重要です。

恐竜などの大量絶滅

古生代カンブリア紀や中生代ジュラ紀といった年代の表し方を「地質年代」といいます。地質年代の区分は、その時代の地層に含まれる化石（示準《しじゅん》化石といいます）の違いなどによって決められます。

例えば、示準化石がある時代の地層に多く含まれ、次の時代の地層にまったく見られない場合、示準化石の生物が繁栄した後、絶滅したのだと推測できます。

そのように考えると、程度の差こそあれ、地質年代の区分の数だけ大量絶滅があったことになります。このうち、とくに多くの生物種が一気に絶滅する事件が五回あったことがわかっており、これを「ビッグファイブ」と呼んでいます。

ビッグファイブのうち、最後の大量絶滅は、およそ六千六百万年前の中生代白亜《はくあ》紀末期です。ジュラ紀から白亜紀にかけて繁栄した恐竜を中心に、全生物種の約七五％が絶滅しました。

◆大量絶滅が起こった時期

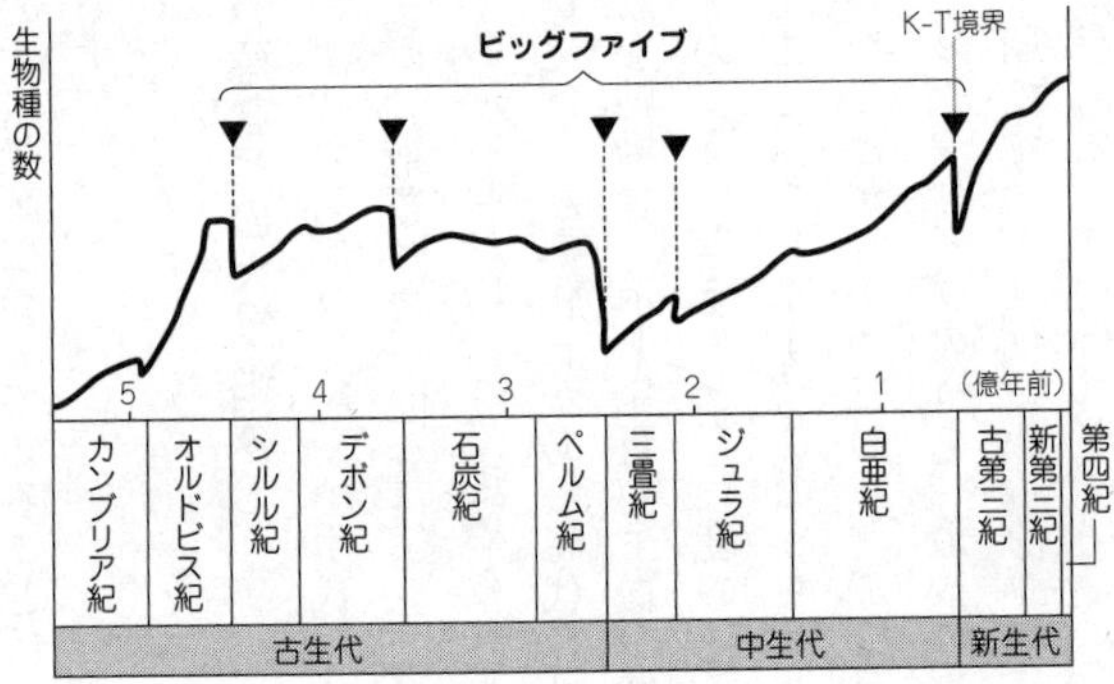

恐竜の絶滅はもっともよく知られた大量絶滅で、白亜紀（英語でCretaceous、ドイツ語でKreide）と次の古第三紀（最近まで単に第三紀〈Tertiary〉と呼ばれていた）の間で起こったことから、「K-T境界」と呼ばれています。

絶滅の原因は当初、さまざまな説が考えられましたが、いずれも決め手を欠いていました。そんな中、アメリカの地質学者であるウォルター・アルバレスは、イタリアでK-T境界にあたる薄い粘土層を発見します。

そこで、父親でノーベル賞物理学者でもあったルイス・アルバレスとともに微量元素の分析を行い、その粘土層に通常ではありえない量のイリジウムを検出しました。イリジウムは通常、地表にはほとんど見つからず、地球の奥深く、あるいは隕石《いんせき》に多く含まれる元素です。

こうして一九八〇年、「隕石衝突説」を発表します。

発表当初は、隕石が衝突した証拠を示せなかったために学界に受け入れられませんでしたが、以降、この説を裏づけるデータが次々と発見され、現在では定説になっています。

隕石の衝突で何が起こったか

六千六百万年前、宇宙から飛来した隕石の大きさは、直径一〇キロメートル程度であったと試算されています。直径一〇キロメートルとは、縦長楕円の線路をもつ山手線の長軸の長さに相当します。

そのような巨大な隕石が、秒速約二〇キロメートルのスピードで大気圏に突入し、表面温度が少なくとも一万℃以上に熱せられた状態でユカタン半島先端付近の海に衝突しました。

周辺の海水は瞬時に蒸発、あるいは飛散して海底が露出しました。海底の岩石も蒸発・融解・飛散してお椀型にえぐれ、底部に溶岩をたたえる深さ四〇キロメートル、直径七〇キロメートル程度のクレーターが出現します。このとき舞い上がった物質の一部は、宇宙空間にまで達したという試算もあるほどです。

地上では、東北地方太平洋沖地震一〇〇〇個分にあたるマグニチュード一一以上の激しい揺れが起こり、衝突地点から衝撃波と爆風が波紋のように広がりました。衝撃によって、クレーターのもろい壁は崩落しながら外側に広がり、最大直径一八〇キロメートルの同心円構造に変化します。

そして、爆風によって空に舞い上がった溶岩が落下しはじめ、地上の動物や植物を焼きつくしました。

海では、衝突によって発生した津波の第一波の後、めくれ上がった海底に海水が戻り、巨大な引き波をともなって周辺の海岸線を大きく後退させました。

その後、クレーター内に戻る海水が勢いあまって大きく盛り上がり、今度は押し波となって周囲に広がり、全世界の海岸を巨大津波が襲いました。こうした津波の高さは、メキシコ湾沿岸で約三〇〇メートルに達したと考えられています。

この衝突時のエネルギーは、広島型原子爆弾に換算しておよそ一〇億個分と推定され、衝突地点周辺の生物は、灼熱、爆風そして津波によって壊滅的なダメージを受けたと推測されています。

隕石の衝突による直接の影響が収まった後も、今度は二次的な災害が地球を襲いました。衝突で巻き上げられた塵や森林火災による煤《すす》が、地上に届く太陽光線を一〇〇万分の一に減少させたのです。真っ暗な世界が数カ月も続いた影響で、植物は光合成ができないうえに凍りつき、深海に生きる生物以外のほとんどの生物がダメージを受けました。

塵や煤の中でも大きめの粒子は数カ月で地上に落下しましたが、さらに微小な粒子は大気圏にとどまって日光をさえぎり、およそ十年間にわたって地球を寒冷化しました。

これが「衝突の冬」といわれるものです。衝突のダメージを直接受けなかった生物たちの多くも、こうした地球環境の変化に耐えきれなくて絶滅したと考えられています。

今起こっている危機とは？

天体の衝突がいかに恐ろしいか——さまざまな事実がわかってくると、次の衝突はいつ起こるのかが気になります。

地球の軌道と交差する天体はすでにいくつか見つかっており、それらに関しては当面衝突の危険性はないことが確認されています。ただ、未発見の天体も相当数あるといわれ、正確な予測は難しい状況です。

現在、ＮＡＳＡでは、「地球近傍小惑星追跡プログラム」によって、地球に衝突する可能性のある天体を常に監視しています。ただし、そうした天体を見つけたとしても、衝突を回避する具体的な方法はまだありません。

しかし、Ｋ－Ｔ境界つまり白亜紀が終わる境界以外の大量絶滅の原因は、よくわかっていないのが現状です。

「巨大隕石の衝突」の他に、「巨大噴火」「大陸分布の変化」「太陽系近辺での超新星爆発」などさまざまな原因が考えられています。大量絶滅を「事件」にたとえるなら、それぞれの事件の真相と破滅のシナリオを徹底的に調査しなければなりません。それが、次の事件を未然に防ぐことにつながります。

一方で、不気味なデータもあります。多くの生物学者が、私たち人類の存在と行為が、地球環境、および地球上の他の生物に対して、直接、あるいは間接的に大きな影響を与えていて、そのことが原因でひそかに大量絶滅が進行しているというのです。

レッドデータブックに登録されている絶滅危惧種は氷山の一角であり、表面化していない生物種の絶滅も相当数に及ぶと考えられています。それは、自然淘汰による絶滅のペースをはるかに超えており、一説には今後三十年間に二〇％、百年間に五〇％の種が絶滅するという予測もあります。

自然の驚異による大量絶滅を心配する前に、私たちの暮らしと自然との関係を見直さなければならないのかもしれません。

スノーボールアース仮説の衝撃

赤道まで凍りつく究極の氷河期

「スノーボールアース」という仮説があるのをご存じでしょうか。

スノーボールアースは、別名「全球凍結」ともいい、地球表面の大部分が厚い氷に覆われる現象のことです。この仮説は一九九二年、アメリカの地質生物学者ジョゼフ・カーシュヴィンクによって初めて提唱されました。そして一九九八年、同じくアメリカの地質学者ポール・ホフマンが証拠を発見し、注目を集めました。

全球凍結へのシナリオ

仮説によれば、地球は過去に三回ほど全球凍結を経験しています。約二十二億年前のヒューロニアン氷河期、約七億年前のスターチアン氷河期、そして約六億五千万年前のマリノアン氷河期です。

地球が全球凍結してしまった原因は、まだよくわかっていません。ですが、現在最も有力な説は、温室効果ガスの減少です。温室効果ガスとは、宇宙に逃げていこうとする熱を受け止めて地表の温度を高く保つはたらきのある気体のことで、地球の大気では水蒸気や二酸化炭素がこれに相当します。現在の地球は平均温度一五℃ですが、もしこれらの温室効果ガスがなければマイナス一八℃になってしまうことがわかっています。

つまり温室効果ガスが減ってしまうと、地球は全球凍結して然るべき星なのです。

二十二億年前の全球凍結の主犯はメタンガスです。このころは太陽光の強さが今よりも一七％程度小さく、暖める力が弱かったのですが、今よりも温室効果が強い大気でバランスが取れていました。それは二酸化炭素の二〇倍もの温室効果があるメタンが含まれていたからです。しかし、これより少し前に地球上に登場した光合成生物（シアノバクテリア）が生成した酸素が大気中に放出され始めると、メタンが酸化されて消失していきました。こうして温室効果が低下して全球凍結に至ったと考えられています。

他の二つの全球凍結の主犯は二酸化炭素です。陸地が雨水（弱酸性）に晒される

◆全球凍結の過程

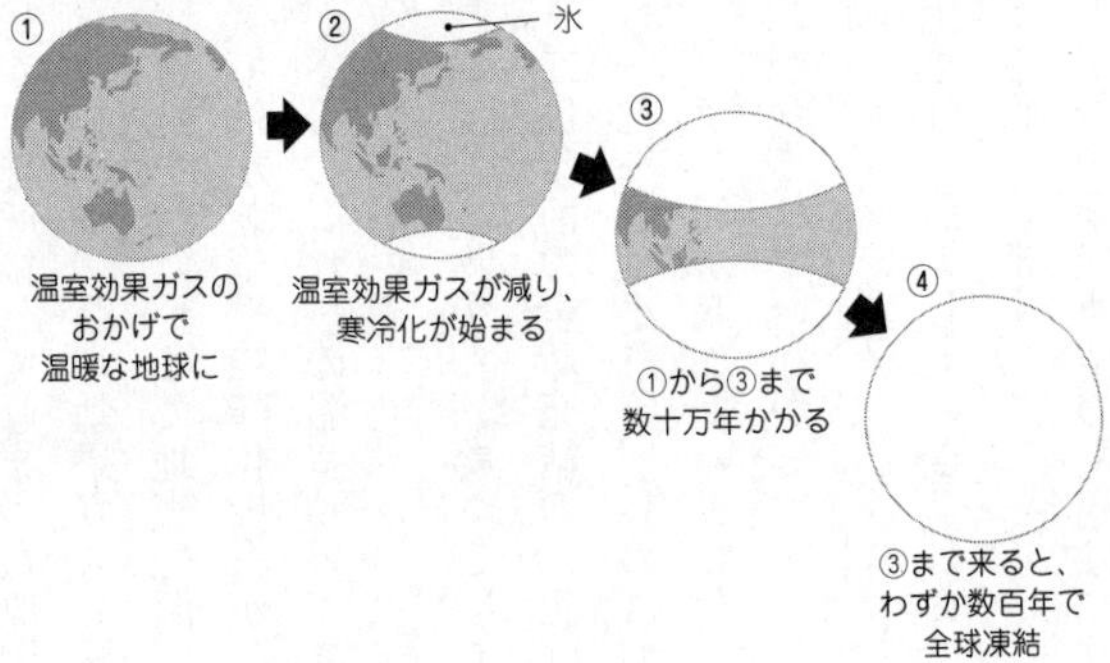
①
②
氷
③
④
温室効果ガスのおかげで温暖な地球に
温室効果ガスが減り、寒冷化が始まる
①から③まで数十万年かかる
③まで来ると、わずか数百年で全球凍結

と、岩石からカルシウムやナトリウムなどがイオンとして融け出し、海に運ばれます。これらのイオンは海水に融けた二酸化炭素と結合して石灰岩などの岩石を生成し、二酸化炭素を大地に固定します。このころは超大陸ロディニアが赤道付近に存在し、分裂を始めた時代です。赤道付近は雨が多く、さらに大陸が分裂したことで河川の数が増し、海に運ばれるイオンが増えました。こうして二酸化炭素が石灰岩化することで大気中の二酸化炭素濃度が減少し、全球凍結したと考えられています。

全球凍結に至る過程は、温室効果の低下とともに極地を覆う氷が数十万年かけて徐々に低緯度へと拡大し、緯度三〇度付近まで広がると太陽光のほとんどが白い氷で反射されるようになり、その後はたった数百年ほどで赤道まで凍りついたと考えられています。

凍結状態からの脱出

全球凍結時の平均気温は、マイナス四〇℃（赤道付近でマイナス三五℃、極付近でマイナス五〇℃）です。こうした極寒の環境にあっても、地球上のすべての水が凍結していたわけではなく、海氷の下や火山帯周辺に凍結を免れた水がありました。こうしたオアシスともいえる場所で、生物は細々と命をつないだであろうと考えられています。ただし、生物といっても、ヒューロニアン氷河期のころはバクテリア（細菌）であり、スターチアン氷河期やマリノアン氷河期のころでも単細胞生物が主でした。

では、全球凍結という危機から地球はどのようにして脱出したのでしょう。

二酸化炭素は、火山ガスとして常に放出されています。

通常の状態の地球は、大陸上の岩石が風化・侵食されて河川によって大量のイオンが海に流れこみ、海水中の二酸化炭素を石灰岩に変えて海底に固定するので、大気中の二酸化炭素が増えすぎないよう調整されています。

ところが、一面、氷に覆われた状態では風化・侵食が行われないので二酸化炭素固定の営みが止まり、大気中の二酸化炭素濃度がどんどん上昇します。そして、二酸化炭素濃度が現在の四〇〇倍(一二%)程度まで上昇したとき、強力な温室効果によって氷が融けはじめるのです。

その後、地球は一転して、平均気温五〇〜六〇℃(赤道付近で七〇℃、極付近で三〇℃)という極端な温暖期に突入しました。それから数十万〜数百万年をかけて、徐々に二酸化炭素は消費され、通常の温暖期に落ち着いたのです。

災いがもたらしたものは

スノーボールアースは、地球上の生物に驚くべき影響を与えた可能性があります。例えば約二十二億年前のヒューロニアン氷河期以前の生物は、酸素呼吸を行わない「原核生物」が主体でしたが、全球凍結を経て、酸素呼吸を行う「真核生物」が登場しました。また、約六億五千万年前のマリノアン氷河期以前は「単細胞生物」が主役でしたが、全球凍結を経て、大型で多様な「多細胞生物」が出現しました。

つまり、スノーボールアースが生物の進化を後押しした可能性があるのです。理由の一つとされているのが「ボトルネック効果」です。全球凍結が起こると、生物たちは壊滅的な打撃を受けて大幅に減少します。いわゆる大量絶滅です。すると、安定状態にあった生態系に余地が生まれ、新たな遺伝情報をもった生物が増殖する可能性が高まるのです。生物の個体数がいったん激減した後に再び増え始めることから、びんの首の形になぞらえてボトルネック効果と呼ばれます。

もう一つは、酸素濃度の上昇です。全球凍結のときも、凍った海の底では海底火山が活動しており、その火山活動が光合成生物の栄養となる物質をひたすら海に蓄積しました。全球凍結を脱した直後の地球は、温暖で二酸化炭素の濃度が高く、さらに栄養も豊富という光合成生物にとって最適な環境になったのです。すると光合成生物が猛烈なスピードで光合成を行い、大気中の酸素濃度は急速に上昇して現在の一二〜二二倍にもなりました。その高濃度の酸素を利用して、生物は多様な進化を遂げられたと考えられています。もしも地球が全球凍結しなかったら、地球上の生物はいまだにバクテリアのままだったかもしれません。スノーボールアースは、生物にとってまさに「災い転じて福となす」だったのです。

千葉にちなんだチバニアンという時代が誕生！

日本発の快挙「チバニアン誕生」

二〇二〇年一月、地球の歴史四十六億年を示す地質時代の年表の中に、「チバニアン（千葉時代）」という名前が入りました。

イタリアの二候補地と六年半の競争の結果、国際地質科学連合がチバニアンを認めたのです。

チバニアンは、今から七十七万四千年前から十二万九千年前の時代を指します。名前の響きから、日本の千葉県に関係すると想像できるでしょう。地質時代の年表のどの年代にも、その年代のことをもっともよく調べることができる基準の地層が決められていて、その地名などをもとにした年代名称がつけられています。

カンブリア紀など古い年代は、中国の地名がもとになったものが多く、第三紀や第四紀など新しい時代は、イタリアの地名がもとになったものが多く、その他もヨ

◆主な地質時代

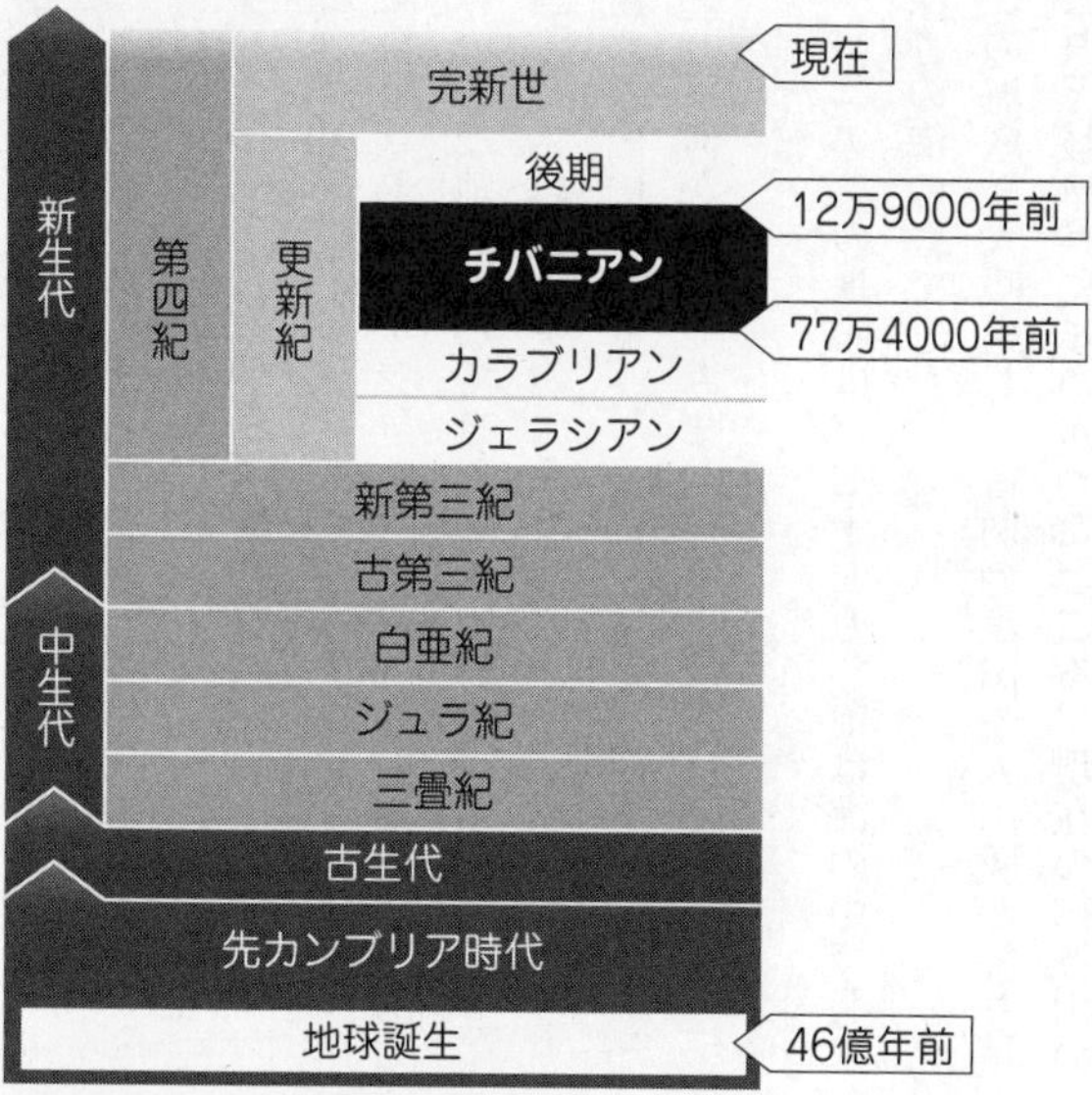
現在
完新世
後期
12万9000年前
チバニアン
77万4000年前
カラブリアン
ジェラシアン
新生代
第四紀
更新紀
新第三紀
古第三紀
中生代
白亜紀
ジュラ紀
三畳紀
古生代
先カンブリア時代
地球誕生
46億年前

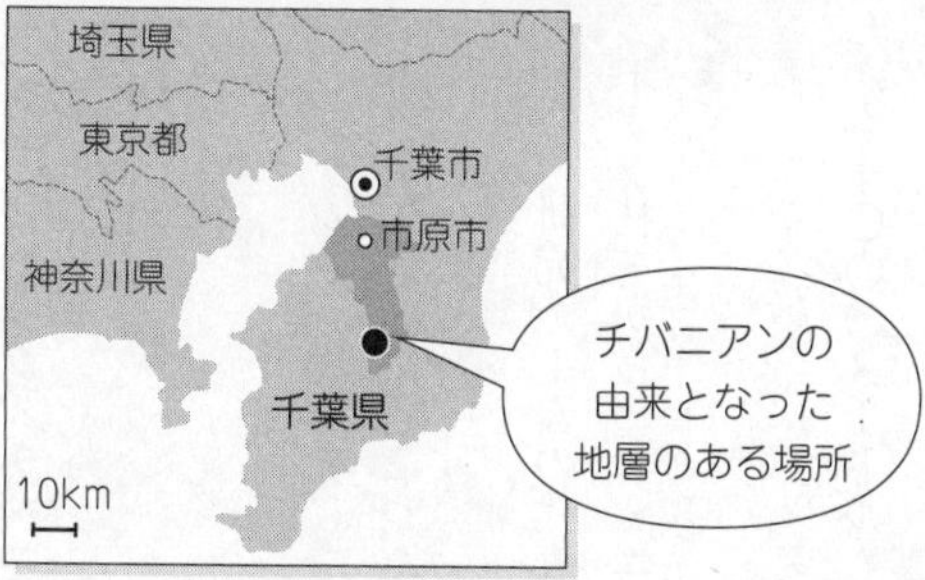
埼玉県
東京都
千葉市
市原市
神奈川県
千葉県
10km
チバニアンの
由来となった
地層のある場所

ーロッパの地名がほとんどです。ここに初めて日本の地名がもとになった、チバニアンが加わったのです。

チバニアンの地層とその特徴

千葉県市原《いちはら》市にある、一見すると何の変哲もない崖がチバニアン決定のもとになった地層「千葉セクション」です。この地層は、約七十七万年前の地球に起こったいろいろな地質的なできごとの痕跡を、もっともよく残しているのです。

国際会議によるチバニアン決定のために、「千葉セクション」研究チームの代表を務めた岡田誠茨城大学教授の著書『チバニアン誕生』（ポプラ社）から、チバニアンとは何かを見てみましょう（以下、要約。一一二ページまで）。

☆☆☆

チバニアンの地層は、七十七万年前は海の中でした。しかも一〇〇〇メートルもの深さの海の底でした。

この海底に大噴火した古期御嶽山《こきおんたけさん》の火山灰が降り積もりました。古期御嶽山は、長野県と岐阜県にまたがったところ、現在の御嶽山の近くに大昔あった火山です。

噴火の千年後には、地球規模の大きな変動が起こりました。地球のN極とS極が入れ替わるという地磁気の逆転です。地磁気の逆転は一瞬で起こったのではなく一万年間くらいかかっています。そして現在の北極近くがS極、南極近くがN極となったのです。

地球上に、ホモサピエンスは約三十万年前、ネアンデルタール人が約五十万年前に登場し、約四万年前に絶滅しています。チバニアンの中ごろから終わりごろにはホモサピエンスもネアンダール人もともに暮らしていたことになります。

やがて海底が隆起すると地層が陸上に現れてきます。

現在のチバニアンの地層は高さ五メートルほど、南北に延びた長さ一〇〇メートルほどの一見すると地味な崖です。

崖の上のほうに厚さ一センチメートルにも満たない白っぽい地層が一本の筋のように見えます。これは古期御嶽山の火山灰の堆積層で、白尾《びゃくび》火山灰層と呼んでいます。この火山灰層を境目に下の地層がカラブリアン、上の地層がチバニアンです。

火山灰層の一・一メートル上のあたりに、地球の歴史最後の地磁気逆転である松山-ブルン逆転の境目があります。フランスのベルナール・ブルンは「過去に地磁気逆転が起こった」ということを最初に発見した人物であり、松山基範は「過去に地磁気逆転が何度も起こった」と最初に提唱した人物です。チバニアンの地層では、磁力計で地層の泥に含まれる磁鉄鉱《じてっこう》の磁化の様子を調べると、地磁気の痕跡が残されており、地磁気の逆転がわかるのです。

今後、今から七十七万四千年前から十二万九千年前の時代の研究論文には、チバニアンが明記されることになります。

地磁気逆転は過去六百万年間で少なくとも二一回も起こっています。地磁気逆転が起こったとき、地球上で何が起きたのかなど、チバニアンの地層を詳しく調べることによって明らかになる日が来ることでしょう。

チバニアンの地層が
地球の謎を解いてくれるよ!!
Chibanian
イエーイ!

生命はどのようにして地球上に生まれたか？

この広い宇宙で生命が存在しているのは、この地球だけなのでしょうか？　この問いに、ほとんどの科学者は「Ｎｏ！」と答えます。この宇宙には銀河が二兆（2×10^{12}）個も存在し、その一つの銀河に恒星が一〇〇〇億（10^{11}）の桁で存在すると見積もられています。恒星とはすなわち太陽ですから、これだけ太陽があるのなら、地球に似た生命に満ちた惑星があっても何ら不思議ではない、いやむしろないほうが不自然だ、となるわけです。しかし、我々は地球以外の生命を何十年も探し続けていますが、いまだその片鱗すら見つけられません。はたして生命はこの宇宙に一般的に存在するのでしょうか。はたまた極めて稀なのでしょうか。その答えを知るには、まず地球上に生命がどのようにして生まれたのかを知る必要があります。

自然発生説から化学進化説へ

死んだ動物を放置しておくと自然にウジが湧くことなどから、十七世紀ごろまでは、生命は何もないところから自然に発生する可能性があるとする「自然発生説」がまかり通っていました。しかし、パストゥールが一八六四年、「自然発生について」の講演、公開実験を行い、「生命は生命からのみ生まれる」ことが証明されると、最初の生命はどこで、どうやって生まれたのかが大きな問題になりました。

そこで考え出されたのが、「化学進化説」です。

一九二二年にオパーリンは、「無機物（岩石などの無生物的物質）から有機物（タンパク質や脂質などの生物由来の物質）が合成されて、それが海岸の岩場の窪みに溜まった水たまりなどで濃縮蓄積したスープができ、その有機物のスープから生命が組み立てられた」とする化学進化説を提唱しました。

「生命は生命からのみ生まれる」とする考え方に抗《あらが》う説ではありましたが、一九五三年に行われたユーリー－ミラーの実験がこの説を後押ししました。水を入れたフラスコの中に原始地球の大気組成と考えられていたメタン、水素、アンモニア、水蒸気を密封し、雷に模した六万ボルトの放電を数日間続けたところ、水の中に生命の材料であるアミノ酸が生成されたのです。この結果に他の科学者たちは驚嘆し、「後に続け！」とばかりに数多くの実験が行われました。

しかし、どんなに頑張っても、生命は発生しませんでした。さらに、原始地球の大気がユーリー－ミラーの実験とは異なり、二酸化炭素とわずかな窒素とアルゴンであったことがわかり、これらの気体を使った実験が行われましたが、アミノ酸すら生成されませんでした。こうしてこの説は下火になっていきました。

生命の宿る地球環境の成立

ところで、地球上に初めて生命が現れたのはいつごろでしょうか。現在、知られる最も古い化石はオーストラリアで発見されたおよそ三十四億年前の細菌の化石です。生命が存在した化学的痕跡（生命が存在しなければありえない化学物質やその存在比の痕跡）は、グリーンランドのおよそ三十八億年前の堆積岩から発見されています。このころの地球は、どのような環境だったのでしょうか。

原始太陽系星雲ではガスや塵が集まって無数の小さな塊《かたまり》を形成し、これらが衝突合体して直径数キロメートルほどに成長した多数の大きな塊「微惑星」になりました。そして微惑星も互いに衝突して破壊と合体を繰り返し、地球を含む現在の八つの惑星になりました。およそ四十六億年前のことです。

初期の地球は衝突のエネルギーなどで表面の温度が数千℃に達し、地表の岩石がすべて融けてマグマになった「マグマオーシャン」とよばれる状態でした。この環境ではさすがに生命が存在するのは不可能です。仮に微惑星に最初から生命が存在していたとしても、この時点でいったんすべて死滅します。つまり地球は無生物の状態からスタートしたのです。

マグマオーシャンが冷えて固まり、海ができたのはいつごろなのでしょうか。海中でマグマが噴出すると、急冷されて丸みを帯びた枕のような形で固まり、これを枕状溶岩といいます。グリーンランドで三十八億年前の枕状溶岩が見つかっていることから、遅くとも三十八億年前には海ができていたことになります。また四十四億年前の鉱物の分析から、このころには地表の温度がかなり下がっていることがわかっているので、地球は誕生してからかなり早い段階で海を形成したようです。

しかし、当時の地球は地磁気がなかったことがわかってます。地磁気がないと太陽からの太陽風が直接地表に届くため、生命は地表付近では生きていけません。地球に地磁気が生じ始めたのは二十七億年前ごろなので、それまでは基本的に深海か地中でしか生命は生存できなかったはずです。

熱水噴出孔説

一九七七年にアメリカの潜水艇「アルビン号」がガラパゴス諸島付近の深海で、不思議な生物群を発見しました。日光が届かず栄養も乏しい深海で、シロウリガイやチューブワーム、エビなどが密集するように群生していたのです。その付近には黒い煙を吹き出す「ブラックスモーカー」と呼ばれる熱水噴出孔がありました。

これらの生物の多くは、熱水噴出孔から出てくる硫化水素をエネルギー源とする微生物を体内に宿し、その微生物から栄養を分けてもらって生活していました。地球上に生命が誕生した時期の日なたは、太陽風も降り注いでいるので光合成はできません。そんな中で生命が生まれるとしたら、このような地球内部からの放出物を栄養源にできる微生物だと考えられたのです。これが「熱水噴出孔説」です。ここでどのようにして生命の材料が濃縮し、それが生命として組み上がっていったかはわかっていませんが、熱水噴出孔は生命誕生の有力な候補地として注目されていま

す。

パンスペルミア説

パストゥールのいうように、生命は生命からしか生まれないのなら、最初の生命は宇宙からやってきて、それが地球で増殖進化したかもしれません。これを「パンスペルミア説」といいます。

実は、化学進化説や熱水噴出孔説は重大な問題を抱えていました。それは、いくら生命の材料が有機物スープのように濃縮したとしても、それが意味のある遺伝情報や生命に組み上がる見込みは超天文学的確率になるということです。これを、パンスペルミア説を指示するフレッド・ホイルは「廃品置き場を竜巻が通り抜けた後にボーイング７４７が出来上がっていた」くらいの確率とたとえました。地球は生命が存在できる環境を整えてから生命が発生するまで、ほんの数億年でこれを成し遂げており、この時間の短さに無理があるのです。

もし、もっと前からこの宇宙のどこかで生命が存在し、それが環境の整った地球に飛来して地球で増えたとすれば、この問題は解決します。宇宙は百三十八億年前に誕生しているので、地球が誕生する四十六億年前まで十分な時間があります。例えば地球が誕生する以前に地球のような環境の惑星が生まれ、そこで十分な時間をかけてＤＮＡを持つ細胞まで進化したあとに宇宙に放散され、漂い流れて原始地球にたどり着いたかもしれないのです。

二十世紀初頭ごろから提案されはじめたこの説は、当時こそ突拍子もない説として受けとめられましたが、現在では数々の観測データから信憑性《しんぴょうせい》が高まりつつあります。

隕石や彗星の中にまだ生命は見つかっていませんが、生命の材料であるアミノ酸の存在が確実視されています。面白いことに、アミノ酸は原子の立体配列が人間の左手と右手のように互いに鏡像関係にある左型と右型が存在し、基本的にその出現確率は同じはずなのに、地球上の生物が使っているアミノ酸は左型を使用しています。アミノ酸は宇宙空間で、ある種の宇宙線を浴びると左型の方が多くなることが知られており、これこそが地球の生命をつくった材料が宇宙から飛来した可能性が高い証拠とされています。

また、微生物のようなある種の単純な生物は、惑星に巨大な隕石などが衝突して、惑星の破片ごと宇宙へ放り出されたり、他の惑星に再突入して衝突しても、生存可能であることが示唆《しさ》されています。地球には年間数千トンの宇宙塵が地表に降り注いでいますが、宇宙塵は彗星から放出された物質や惑星間に漂う塵なので、こうした宇宙塵に載ってもっとソフトに飛来したのかもしれません。

日本の研究チームがパンスペルミア説を検証するため、国際宇宙ステーション（ISS）で「たんぽぽ計画」とよばれる実験を進めています。これは実験棟「きぼう」の船外で宇宙空間を漂う微小な粒子（宇宙塵）を捕集し、そこに生物や生命の材料になるような有機物が含まれているかを確かめる実験と、何種かの生きた微生物を船外に晒し、惑星間の移動に耐えられるかを検証する実験です。今のところ船外に微生物を晒す実験では、極寒・乾燥・放射線地獄の宇宙空間においても、ある種の微生物はある程度耐えられることが確認されています。しかし、宇宙塵からは生物の痕跡や材料は見つかっていません。

今後の展望とゆくえ

現時点では、熱水噴出孔説が一歩リードした感があり、最も盛んに研究されています。そんな折、生物がほとんどいないと考えられていた地下深くの岩石の中にも、かなり多くの数と種類の微生物が存在することが、最近の研究でわかってきました。岩石の中は太陽風の驚異も届かない場所であり、温度や湿度も安定していて生命誕生の地としては理想的です。まだ、多くの研究者が手をつけていない場所ですが、原始地球の環境にも適応しそうな、始原的な微生物が見つかれば、説としてもう一つの柱になるかもしれません。

私たちはどこから来たのか。この最大級の謎について、私たちが生きている間にその答えが明らかになる日が来るかはわかりませんが、新たな研究の成果を楽しみに待ちたいですね。

Part 2

知ると楽しい気象のはなし

hPa

お風呂の水を抜くと渦はどっち巻き？

赤道直下の「コリオリ実験ショー」

「渦」というのは、水や空気など液体や気体が、ある点のまわりをコマのようにぐるぐるまわる現象です。

お風呂の栓を抜くと、穴のまわりに渦ができます。渦ができるのは、水が回転しているからです。速さの違う水の流れがぶつかると、接触した面のところで水が回転しはじめ、渦になるのです。

赤道直下のある町でのこと、「コリオリ実験ショー」という奇妙な催しが行われようとしています。

登場したコリオリ解説員が言いました。「この場所には、赤道が走っています。赤道を間にしてこちらが北半球、あちらが南半球です。コリオリの力で、北半球と南半球では渦の向きが逆になります。ただし、コリオリの力は赤道から二〇メート

◆コリオリ実験ショー

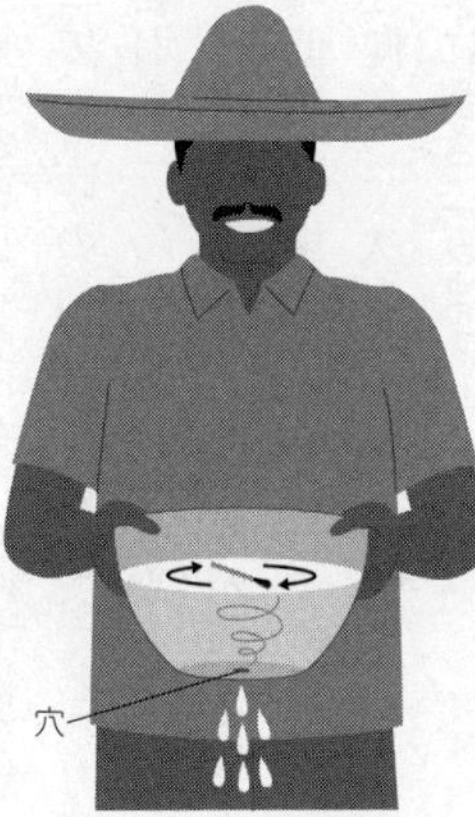

ル以上離れないとはたらきません」。

コリオリ解説員が用意したのは、底に小さな穴の開いた容器とマッチ棒。容器の穴を指で押さえて水を注ぎ、押さえていた指を離してから、マッチ棒を水面に置きます。すると、マッチ棒が渦によって回転しはじめます。北半球では反時計回り、南半球では時計回りになるのです。「これがコリオリの力の証明です！」。

彼の目的は、その後、観客に「赤道証明書」を販売することなのですが、この「コリオリ実験ショー」は真実でしょうか？

それともインチキなのでしょうか？

それに、「コリオリの力」とはいったい何なのでしょうか？

低気圧の渦のしくみ

気象予報などでよく聞かれる低気圧、高気圧ということば。天気図には「高」や「低」と表示されます。低気圧は、まわりよりも気圧の低い所、高気圧は、反対に気圧の高い所を指しています。

気圧の等しい地点をむすんだ線を等圧線といいますが、等圧線の分布の様子によって、気圧の高い所、低い所がわかります。等圧線は通常、四ヘクトパスカルごとに引き、二〇ヘクトパスカルごとに太い線で引きます。等圧線の幅が狭いほど気圧の差が大きく、そのため風が強く吹きます。

低気圧の場合、中心に行くほど気圧が低くなります。風は高い気圧から低い気圧に向かって吹きますから、他に何らかの影響がなければ、等圧線に対して垂直の向きに吹きこみます。

ところが、実際には、北半球では低気圧で、例えば北から南方向にまっすぐ吹くはずの風が、少し西向きにそれます。そのため、北半球で低気圧に吹きこむ風は、反時計回りに渦を巻きます。南半球では、北から南方向に吹くはずの風が少し東向きにそれて、時計回りに渦を巻くのです。

◆コリオリの力と風向き

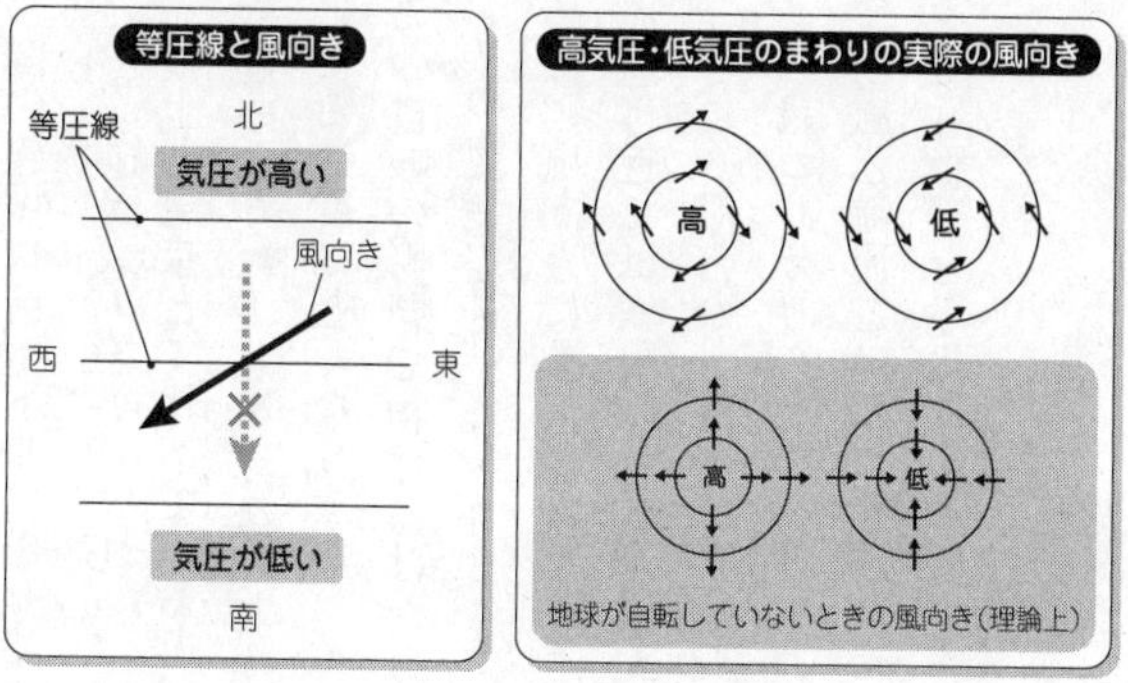

台風は、いわば大きな低気圧です。気象衛星からの写真を見ると、北半球では反時計回りに渦を巻いているのが一目瞭然《いちもくりょうぜん》です。

このように低気圧に吹きこむ風が反時計回りの渦になるのは、地球が自転していることによって、コリオリの力がはたらいているからです。

地球は、二十四時間かけて自転します。赤道一周の距離は四万キロメートルですから、赤道にいる人は、毎時約一七〇〇キロメートル（＝四万÷二四）の速度で動いている計算になります。

東京の緯度での地球一周の距離は約三万三〇〇〇キロメートルなので、速度は毎時約一四〇〇キロメートルになります。実際には、大気も一緒に動いているので、地球上の人間がその速度を感じることはありません。

赤道上と東京とで比べてみると、東京の自転速度のほうが時速三〇〇キロメートルも遅いように、北半球なら北極に近づくほど（南半球なら南極に近づくほど）、自転による速度は遅くなります。

この自転の影響で物体にはたらく慣性《かんせい》の力を「コリオリの力」（「コリオリ」はフランスの物理学者G・G・コリオリに由来）といいます。地面の回転速度に差があるために、風向きにも偏りができるのです。

赤道付近では太陽の日射が強く、熱で暖められた空気は上昇し気圧が低くなります。そこへ温帯から風が吹きこむのですが、北半球では、赤道へ向かって南向きに吹く風はコリオリの力の影響で西にそれます。これが貿易風《ぼうえきふう》です。

貿易風と海流とは深い関連があります。つまり、コリオリの力は、風だけでなく海流にも影響を与えているのです。

「コリオリ実験ショー」の種明かし

北半球と南半球で、コリオリの力の影響を受け、風向きや水の渦の向きが逆になるのは本当のようです。では、赤道直下で行われている「コリオリ実験ショー」は、どうでしょうか？

問題は、赤道をはさんで二〇メートルの場所で、その影響がどの程度かということです。

コリオリの力は、北極・南極で最大、赤道上ではゼロになります。また、物体の運動時間、または運動距離が長いほど影響が大きくなります。

「コリオリ実験ショー」では、コリオリの力が影響するには容器があまりにも小さく、また水の速度が速すぎるのです。それだけではなく、赤道から二〇メートル程度離れた場所では、コリオリの力は限りなくゼロに近いのです。

「コリオリ実験ショー」では、はじめに勢いよく容器に水をそそぎ、思い通りの回転をつくっておきます。その後で静かに水を足すことで、水面は静かだけれどその下では渦を巻いている状態にしておいて、指を容器の穴から離しているようです。

「コリオリ実験ショー」は、とても単純なトリックを使っているのです。

では、日本の緯度で、「コリオリ実験ショー」の容器よりもずっと大きなお風呂の穴にできる渦巻きではどうでしょうか。

実際にやってみると、反時計回りと時計回りのどちらも見られます。

もしも排水溝がお風呂の真ん中にあり、穴のまわりの条件を一定にして、水を静かにしてから栓を抜けば、自転の影響を受けてわずかに反時計回りになるかもしれません。しかし、その場合でも、風呂の栓を抜いた程度の小さな現象については、コリオリの力の影響は無に等しいのです。

それに、お風呂の穴は、たいてい中央ではなく隅のほうにあります。穴に向かってゆるやかな傾斜がついていたり、穴の部分はへこんでいたりします。地球の自転の影響もわずかに受けますが、お風呂の環境や設置条件によって受ける影響のほうが大きく、反時計回りにも時計回りにもなるのです。

そういえば日本付近の台風はみんな左巻き〜〜
ひえー

台風はなぜ八月と九月に多い？

台風が生まれる場所

日本にやってくる台風の生まれ故郷は、赤道に近い北太平洋西部、熱帯の海上です。そのあたりでは強い太陽放射のために水の蒸発が盛んで、空気中には大量の水蒸気が含まれています。暖かい海面から水蒸気をもらった大気は、上昇気流をつくります。この上昇気流によってつくられるのが熱帯低気圧です。

熱帯低気圧とは、読んで字のごとく熱帯で発生する低気圧のことです。

熱帯低気圧の上昇気流の中で、水蒸気が冷えて雲をつくるときに大量のエネルギーを放出します。液体の水に熱エネルギーを加えると、水蒸気になりますね。その逆に、水蒸気が液体の水になると、熱エネルギーを放出するのです。

熱エネルギーでさらに上昇気流が発達し、雲が発達してエネルギーを放出する――この相乗効果で中心の気圧はどんどん下がり、巨大な熱帯低気圧に発達してい

◆水の変化と熱エネルギー

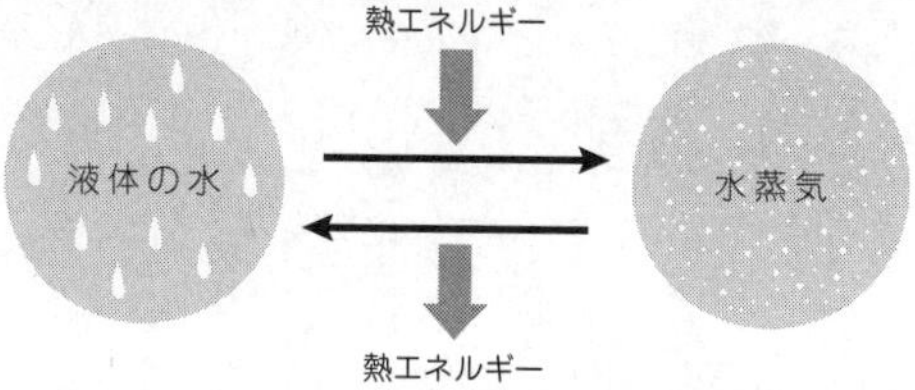

くのです。

熱帯低気圧が発達して中心の風の速さが秒速一七・二メートルを超えると、台風と呼ばれるようになります。こうして、一年間に三〇～四〇もの台風が生まれているのです。

日本が位置する北半球では、自転によって物体に働く慣性の力（コリオリの力）の影響を受け、台風は反時計回りに渦を巻きます。海上にあった台風が上陸すると、エネルギー源の水蒸気の補給が断ち切られるため、勢力が衰えやすくなります。

貿易風、太平洋高気圧、偏西風に乗る

発生したばかりの台風は、緯度の低い地方の上空を流れる貿易風に乗って西へ進みます。か

つてコロンブスは、この貿易風を船の帆に受けて西へと進み、大西洋を渡りました。

西へ進んで沖縄諸島の東方に到達した台風は、そこで太平洋高気圧のふちに発生する気流に乗って北上します。北上した台風は日本付近の上空を流れる偏西風《へんせいふう》（一四〇ページ参照）に乗りかえ、日本に接近したり上陸したりするのです。

太平洋高気圧や偏西風は、季節によって勢力を変えます。

六月ごろから夏にかけては偏西風が弱くなり、逆に太平洋高気圧が勢力を強めて中国大陸のほうまで広がります。そのため、太平洋高気圧の西のふちにそって進む台風の多くは、中国大陸に向かいます。

暑い夏を過ぎると、太平洋高気圧の勢力は弱まり、偏西風がしだいに強くなってきます。台風の進路はだんだん北に向かい、八～九月ごろには日本を直撃することが多くなります。

十月ごろにはさらに進路をずらし、日本の南の海上を通り過ぎるようになります。

台風のような暴風雨は、日本南方の海上にだけ発生するわけではありません。北

◆台風のコース

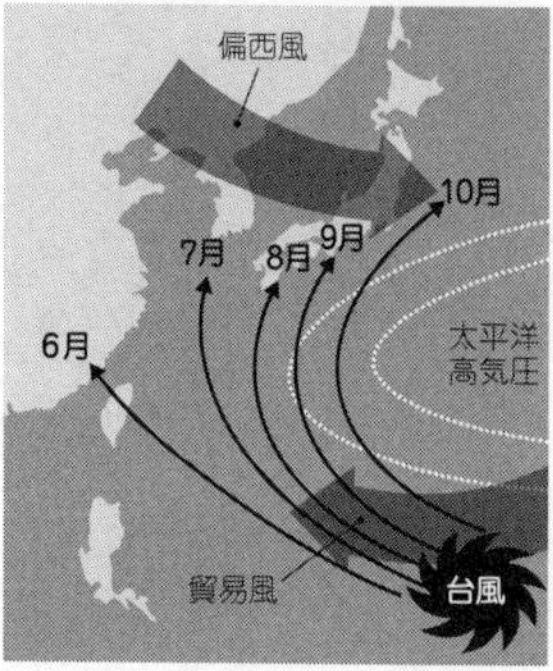

大西洋の南部に発生する暴風雨を「ハリケーン」といい、インドの暴風雨やオーストラリアの東側を襲うものは「サイクロン」と呼ばれています。これらはみんな台風の仲間です。

ちなみに、船舶向けなどの気象通報に用いられる「タイフーン」は、風速が秒速三三メートル以上になったもので、台風の定義とは異なります。

進行方向右側に注意せよ

くり返しになりますが、日本に向かってくる台風の渦巻きは反時計回りです。そのため、台風の進行方向の右側は、台風を進める風と台風の中心に吹きこむ風が足し合わされて、非常に強い風が吹きます。進行方向の右側は「危険半円」なのです。

逆に、台風の左側では、台風を進める風と中心に吹きこむ風が逆向きなので、互いに打ち消し合って風が弱くなります。このことを知っておくと、台風が近づいたとき、自分のいる場所に風が強く吹くかどうかを予想することができます。

台風予報の見方

台風の時期になると、天気予報で「予報円（台風の中心が到達すると予想される範囲を破線で描いた円）」を見る機会があると思います。台風が進むにつれて円は大きく広がり、台風が成長していくように見えるのではないでしょうか。

しかし、それは誤解なのです。予報円は、台風の規模を表しているのではなく、それぞれ表示された日時に、台風の中心が七〇％の確率でいるであろう範囲を表しています。また「暴風警戒域」は、台風が予報円内にいるときに暴風域（風速毎秒二五メートル以上）に入る可能性のある範囲を表しています。

これらは確率なので、時間とともに不確定要素が大きくなり、どうしても円や範囲が大きくなっていきます。つまり、予報円や暴風警戒域が大きくなるのは、「台風の勢力が今後大きくなる」と予想しているのではなく、「未来の予想ほど台風がどこにいるかよくわからない」ということなのです。台風の勢力が強まるか、あるいは弱まるのかについては、予報円から暴風警戒域までのラインの幅から読みとることができます。この幅は、暴風域の半径を表します。

予報円と暴風警戒域のラインの幅が広いときは、「暴風域が大きくなる」＝「台風の勢力が強くなる」と予測されています。逆に幅が狭いときは、暴風域が小さくなり台風は衰弱していくと予測されているのです。

夕焼けがきれいなら明日は晴れる？

偏西風はどんな風？

地球には、地表や上空を季節に関係なく常に吹いている風が三つあります。一つは、赤道付近（低緯度地域）を吹く「貿易風」です。もう一つは、極近く（高緯度地域）を吹く「極風《きょくふう》」（極偏東風《きょくへんとうふう》）です。残りの一つが、その間の中緯度地域を吹く「偏西風」です。

このうち偏西風は、その名の通り西から吹く（西よりの）風で、他の二つは東から吹く（東よりの）風です。日本の国土の多くは中緯度（三〇～六〇度）にあるので、偏西風の吹く地域です。

偏西風は、赤道近くの暖かい空気と、南極や北極近くの冷たい空気との温度差で起こります。赤道近くの暖かい空気が上昇して北極や南極に向かうとき、地球の自転によって生じるコリオリの力で進路がずれて、西から東への風向きになるので

◆大気の大循環

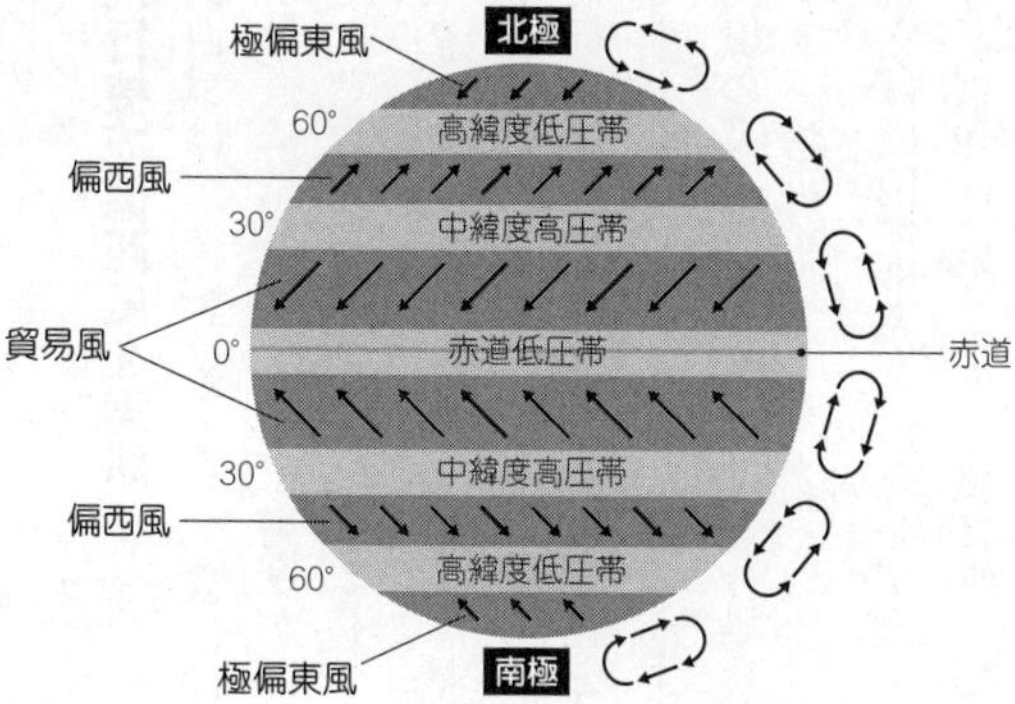

す。

これら三つの風は世界全体を吹く大きな風なので、天気にも大きな影響を与えています。

日本付近は偏西風の吹く地域なので、天気は西から変化します。天気予報で「天気は西から下り坂です」とか「天気は西から回復するでしょう」などと耳にしたことがあるのではないでしょうか。

高気圧や低気圧が移動する速さは、一日およそ一〇〇〇キロメートルです。例えば東京の明日の天気を知りたいと思ったら、約一〇〇〇キロメートル離れた福岡の今日の天気を調べればよいのです。

連続的に天気図を見れば、高気圧、低気

圧の形が変わることはあっても、すべて西から東へ動いていることがわかります。

飛行機で偏西風を実感

偏西風は、冬に強くなり、夏には弱まります。対流圏《たいりゅうけん》の上層八～一六キロメートル付近に見られますが、高度が上がるとともに風速が増し、対流圏と成層圏の境あたりでは最速の西風になります。

この風を「ジェット気流」といい、風速は毎秒一〇〇メートルを超えることがあるほどです。

飛行機に乗ると、偏西風の存在を実感できます。飛行機にとって空気の抵抗は大敵ですから、できるだけ空気のうすい層を選んで飛びます。そうもいかないとき、偏西風のような風に乗って進む場合と逆らって進む場合ではどのような影響を受けるのでしょうか。

例えば成田空港から出発して太平洋を横断し、ニューヨークへ向かうときは、ちょうど東向きに吹く偏西風に乗って飛びます。フライトに要する時間は、およそ十三時間です。一方、同じ経路でニューヨークから成田空港に戻るときは、偏西風の向かい風になるのでおよそ十四時間要します。

同じ距離と経路でも、往路と復路では一時間も違ってしまうのです。もちろん、飛行機が飛ぶコースは日によって異なりますし、偏西風も強さや流れる場所が変わりますが、それでも少なからず偏西風の影響はあります。

国内線の羽田―福岡間に乗ってみても、やはり東に向かう飛行機は早く着くのです。

夕焼けのメカニズム

自然現象や生物の行動などから天気を予想し、そうなるための条件と根拠を述べたいわゆる〝天気のことわざ〟を「観天望気《かんてんぼうき》」といいます。

観天望気の一つに、「夕焼けの翌日の天気は晴れ」というのがあります。夕方、西の空が晴れて夕焼けが見られると、その場所では、翌日は晴れる可能性が高いというのです。

そもそも、夕焼けはどうやって起こるのでしょうか。

昼間の空は赤くないのに、夕方になるとだんだん赤くなりますね。これは、太陽

◆夕焼けのしくみ

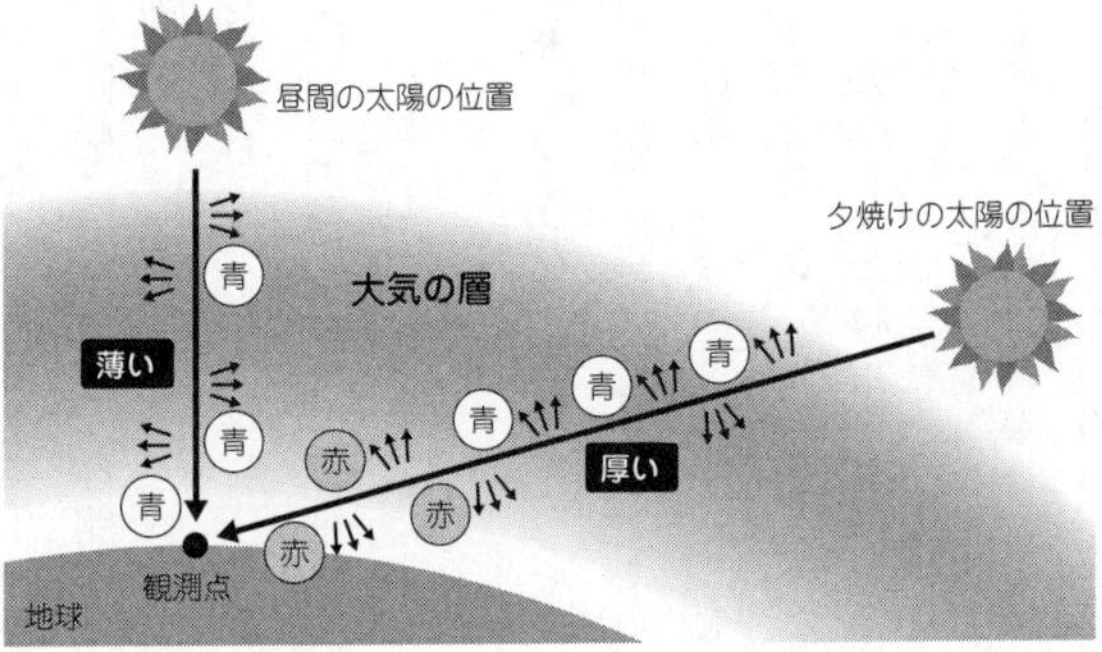

の光が通過する大気の層の厚さと、大気中に浮かんでいる塵の量に深い関係があります。

私たちのもとへ届く太陽の光は、昼間には約五〇〇キロメートルの大気の層を通り抜けてきます。ところが、夕方の太陽の光は、昼間の数倍厚い大気の層を通り抜けてくるのです。

そうすると、太陽の光のうち、青に近い色の光は空気の分子や塵によって散乱し、散乱しにくい赤やそれに近い色の光が強調され、空を赤く染めます。これが夕焼けのメカニズムです。

夕焼けがきれいに見えるとき、西側にある夕陽の光が、塵をたくさん含んだ厚い大気の層を通りぬけて、夕焼けを見る人のところまで届いています。ということは、その場所の西側の上空は、雲がなくて晴れているということです。天気は、西から東へ移り変わりますから、「夕焼けの翌日の天気は晴れ」るのです。

ちなみに、「夕焼けの翌日の天気は晴れ」が当たったかどうかを実際に調べた結果、四月から十一月までは平均七〇％ほどの割合で当たるとのことです。

ただし、夏と冬は、大陸や海洋に勢力の強い高気圧が居すわるため、的中率は下がります。とくに、冬はあまり当たりません。

秋の天気は変わりやすい

「女心と秋の空」といわれるように、秋の天気は女性の心のように変わりやすいという俗言からこういわれるようになったものです。

秋には、晴れの日が一週間続くということはなかなかありません。一日か二日よく晴れたと思ったら雨が降り、また晴れるというくり返しです。夏は時々雷雨があるほかは晴れ、冬は乾燥した晴天の太平洋側と雪の日本海側というように、比較的同じ天気が続きます。

では、なぜ秋の天気は変わりやすいのでしょうか。

その理由は、低気圧の通り道が季節によって南北に上下するためです。夏には日本列島はすっぽりと太平洋高気圧に覆われるため、低気圧がやってきません。低気圧は、シベリアやオホーツク海を進みます。

秋になると太平洋高気圧が弱まり、低気圧の通り道が日本列島まで南下します。そのため、日本列島上空を低気圧が通ると雨が降り、移動性高気圧が通ると晴れるという変わりやすい天気になるのです。

天気が変わりやすいのは、春も同じです。秋と同様、低気圧と高気圧が交互に通るためです。

春や秋には、せっかくの週末に毎回、雨が降って残念な思いをした経験があるのではないでしょうか。低気圧は三日か四日おきに通ることが多いため、いったん日曜日が雨になると、翌週も、そのまた翌週も日曜日に雨が降るということが起こるのです。

寒暖の変化も、同じ周期でやってきます。低気圧が来る前は南の風が吹いて気温が上がりますが、通り過ぎると北風に変わって寒くなります。

この時期は、暑かったり寒かったりで風邪をひきやすく、洋服選びも悩ましいものです。木枯らしが吹いてもう冬かと思っても、必ずまた、ぽかぽかと暖かい日が現れて、寒暖をくり返しながら冬に向かっていきます。

太陽の位置によって
光の色が違って
見えるからふしぎ

ジェット気流が運んだ秘密兵器

日本軍の秘密兵器

第二次世界大戦中、敗色濃くなった日本軍が採用した戦術の一つに「風船爆弾」があります。アメリカ本土を攻撃するため、気球（風船）に爆弾をつり下げ、ジェット気流（偏西風の流れ）に乗せて、数日かけて飛ばす無人気球兵器でした。「風船爆弾」は、日本軍にとって、アメリカ国内の攪乱《かくらん》をねらった秘密兵器だったのです。世界でも例を見ないこの兵器は、後に「ふ号」兵器と呼ばれました。

一九四四年の秋から一九四五年の春にかけて、約九〇〇〇個が放たれました。そのうち、数百個がアメリカ本土にたどり着いたとされています。

秋から冬にかけて日本上空を強い西風が吹くことは、当時から知られていました。現在のつくば市にあたる場所に高層気象台があり、気象台の台長であった大石《おおいし》和三郎《わさぶろう》らは、軍部の要請を受けて不眠不休で上空の大気の流れを研究しました。

◆当時観測された太平洋上の冬の偏西風（ジェット気流）

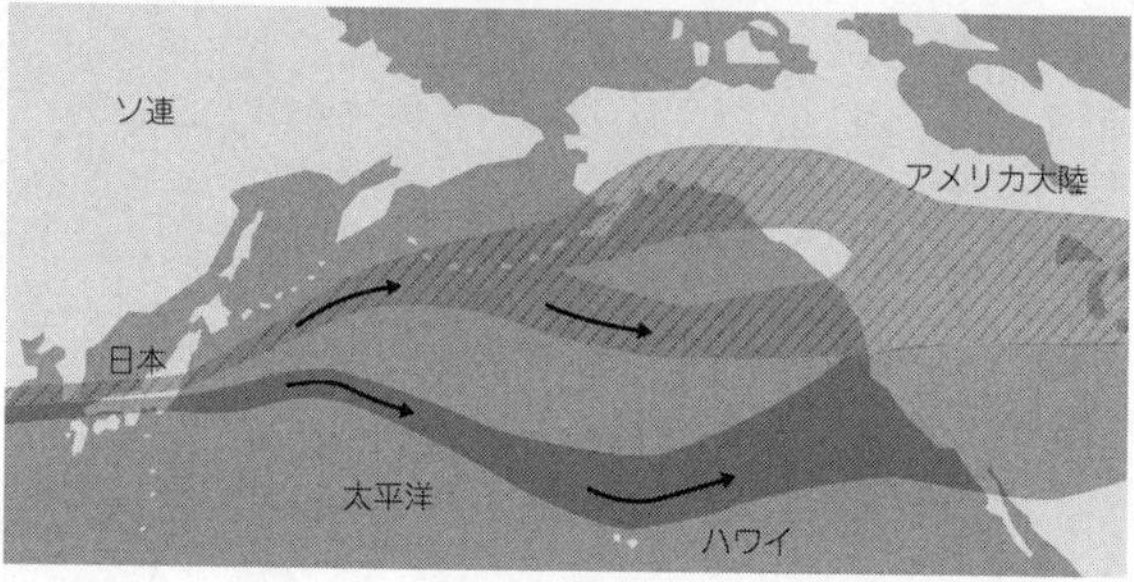

その結果、日本の上空から北アメリカ大陸の上空に向けて、上図のように二種類の経路で冬期に時速二〇〇キロメートルを超える西風が吹いていることを確認しました。

この西風を利用して、風船爆弾でアメリカ本土を攻撃する作戦、「ふ号作戦」が計画されたのです。

風船爆弾放流地跡の碑文

今も、風船爆弾放流地跡の碑が、茨城県北茨城市大津町、五浦《いづら》の海岸沿いに建っています。

碑文には、風船爆弾がどんな兵器であったかが詳しく書かれています（実際の碑文に句読点とルビを加えています）。

この辺一帯は、昭和十九年十一月から昭和二十年四月の間、アメリカ本土に向けて風船爆弾を放流させた地です。

背後の低い丘と丘にはさまれ、現在は田んぼに復元されている幾つもの沢に、放球台や兵舎、倉庫、水素タンクなどが設置されていました。

これは極秘の「ふ」号作戦といわれ、放流地はほかに福島県勿来関麓《なこそのせき》と千葉県一の宮海岸、あわせて三か所でしたが、大本営直属の部隊本部はこの地にあり、作戦の中心でした。

晩秋から冬、太平洋の上空八千メートルから一万二千メートルの亜成層圏《あせいそうけん》に最大秒速七〇メートルの偏西風が吹きます。いわゆるジェット気流です。

風船爆弾は五〇時間前後でアメリカに着きます。

精密な電気装置で爆弾と焼夷弾《しょういだん》を投下したのち、和紙とコンニャクのりで作った直径一〇メートルの気球部は自動的に燃焼する仕掛けでした。

第二次大戦中に日本本土から一万キロメートルかなたのアメリカ合衆国へ、超長距離爆撃を実行したのはこれだけであり、世界史的にも珍しい事実として記録されるようになりました。

約九千個放流し、三百個前後が到達。

アメリカ側の被害は僅少でしたが、山火事を起したほか、送電線を故障させ原子爆弾製造を三日間遅らせた、という出来事もあとでわかりました。

オレゴン州には風船爆弾による六人の死亡者の記念碑が建っています。

ワシントンの博物館には不発で落下した風船の一個が今も展示され、深い関心の的になっています。

しかし戦争はむなしく、はかないものです。

もう二度とくり返さないように努めましょう。

この地で爆発事故のため、風船爆弾攻撃の日に、三人が戦死したことも銘記すべきでしょう。

永遠の歴史の片隅で人目を偲《しの》び、いぶし銀のようにささやかに光る夢の跡です。

昭和五十九年十一月二十五日建之

気球の球皮は、楮《こうぞ》でできた和紙を、コンニャクを原料とした糊《のり》で五層重ねて貼り合わせたものが使われました。もっともつらく、手間がかかり、緻密《ちみつ》さが要求される貼り合わせの作業に動員されたのは、女子学生や女子挺身《ていしん》隊でした。

当時、コンニャクは食用には回らず、おでん種にすることなどできなかったといいます。

飛び続けるために必要なもの

偏西風が確認されたからといって、気密性の高い気球に水素を入れ、爆弾をつるして空に上げればアメリカに届く、という単純なものではありません。

気球を遠くまで確実に飛ばすには、夜をどうやって乗り切るかが重要でした。夜になると、上空は気温が低下して気球が縮み、浮力が小さくなります。水素も、少しずつもれていきます。

そこで、風船爆弾には、浮力が小さくなったら自動的におもりを落とし、高度を維持する装置がつけられました。気圧計で気圧変化を検知すると歯車一個分ずつ回転盤がまわり、一定以上の高度が下がる（気圧が上がる）と電気スイッチが入り、

◆風船爆弾の概要図

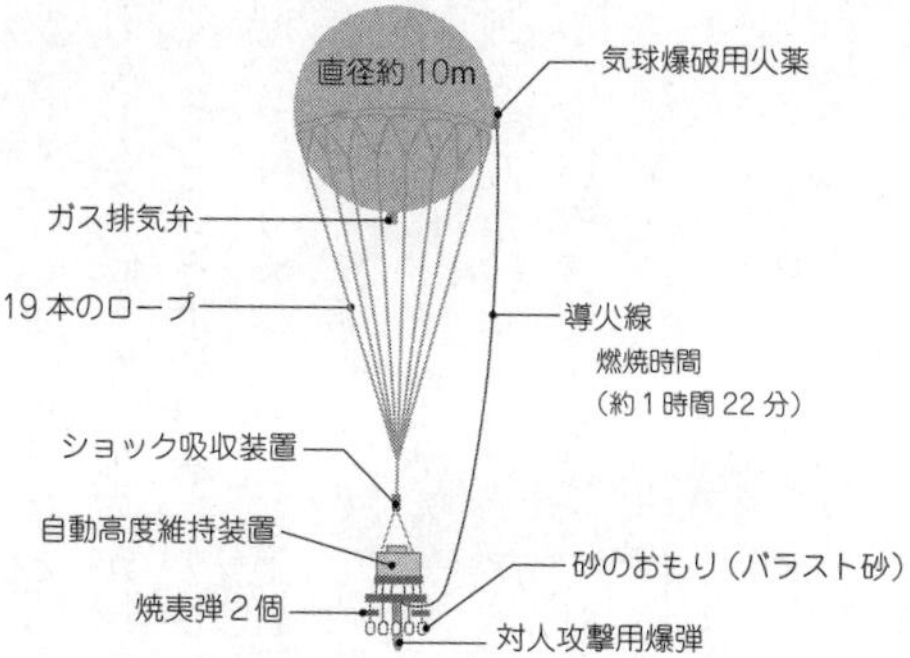

砂のおもり（バラスト砂）のひもを焼き切って落とすしくみです。

アメリカがもっとも恐れたのは、風船爆弾から伝染性の細菌などがばらまかれることでした。そのため、地質学者にバラスト砂の分析を依頼し、砂に含まれている鉱物の割合から、砂の採取地を日本の五カ所にしぼりこみました。

アメリカは偵察機を飛ばし、ついに放流地を探り当てます。そのため、戦争末期には、風船爆弾は上昇中にほとんどアメリカの戦闘機に打ち落とされてしまいました。

平和へ向けて

一九四五年五月五日、アメリカのオレゴン

州で、ミッチェル牧師夫妻と日曜学校の子どもたち五人の計七人が、森にピクニックに出かけました。夫のミッチェル牧師が車を広場に止めようとしていたとき、六人は歩き出していました。子どもの一人が、木に引っかかっていた不発の風船爆弾に触れてしまいました。地面が揺れるほどの大音響とともに、大爆発によって六人が亡くなるという事故がありました。

当時、アメリカは完全な報道管制をしいていたため、事故後、ずいぶん年数が経ってから日本に伝わりました。戦時中に球皮を貼り合わせる作業に従事していた元女子学生たちは、その事故を知って心を痛め、アメリカに慰霊に訪れました。

現地を訪れた彼女たちに、アメリカの遺族は「お互いに許しあうことが、平和に通じる」という言葉をかけてくれたということです。

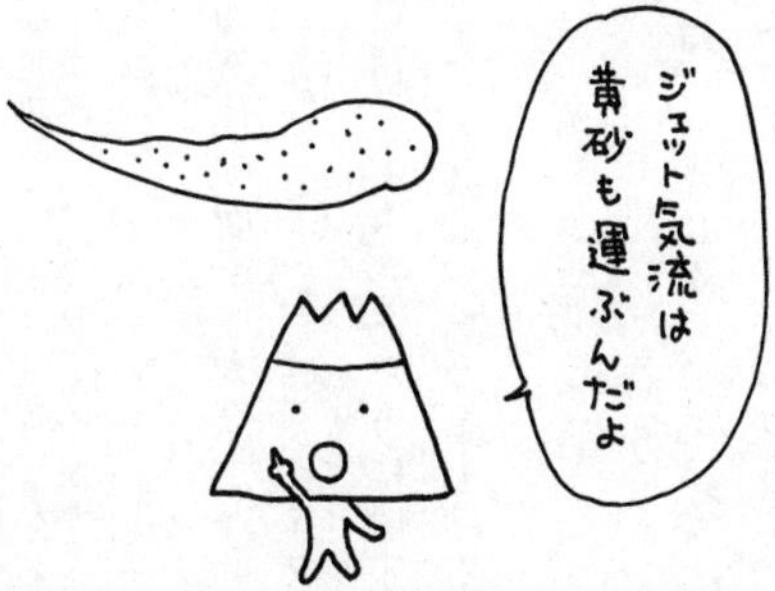
ジェット気流は
黄砂も運ぶんだよ

山の頂上でお菓子の袋がふくらむ理由

私たちは大気圏の底にいる

地球は、気体の層にすっぽり包まれた惑星です。この気体の層を「大気」といい、地球から上空五〇〇キロメートルを超える範囲まで広がっていますが、宇宙空間との境目を便宜的に高度八〇キロメートルから一〇〇キロメートルあたりに設定して、地上からその範囲までを「大気圏《たいきけん》」と呼んでいます。大気は、高度を上げるほど薄くなります。

実は、この大気（空気）にも重さ（質量）があります。

一センチメートル四方の地面に乗っている空気の重さは、一キログラムちょっと（一〇三三・六グラム）です。たとえると、片方のてのひらに約一〇〇キログラムの物を乗せるのと同じ重さです。てのひらに体重五〇キログラムの人が二人乗っていることを想像してみると、空気は意外と重いことに驚かれたのではないでしょうか。

大気を乗せた面は大気から圧力を受けます。これを「大気圧」と呼び、私たちが暮らす標高ゼロメートルの大気圧の平均を一気圧としています。正式には、圧力はパスカル（Pa）という単位を使って表します。

一気圧は、一〇万一三〇〇パスカルです。これでは数字が大きくなるのでヘクトパスカル（hPa）に換算すると、一ヘクトパスカル＝一〇〇パスカルですので、一気圧＝一〇一三ヘクトパスカルになります。天気予報を見ていると、よく耳にする単位ですね。

ちなみに、大気圧は上からだけはたらく力ではありません。横からも、下からもはたらくのです。

ペットボトルがつぶれる理由

手近に空《から》のペットボトルがあれば、試していただきたい実験があります。

ペットボトルに熱いお湯を入れて少し待ってから、堅くフタをしめます。次に水道水で全体を冷やすと、ペットボトルはどうなりましたか？

突然〝バキッ〟と大きな音を立ててつぶれたはずです。

◆ペットボトルがつぶれるしくみ

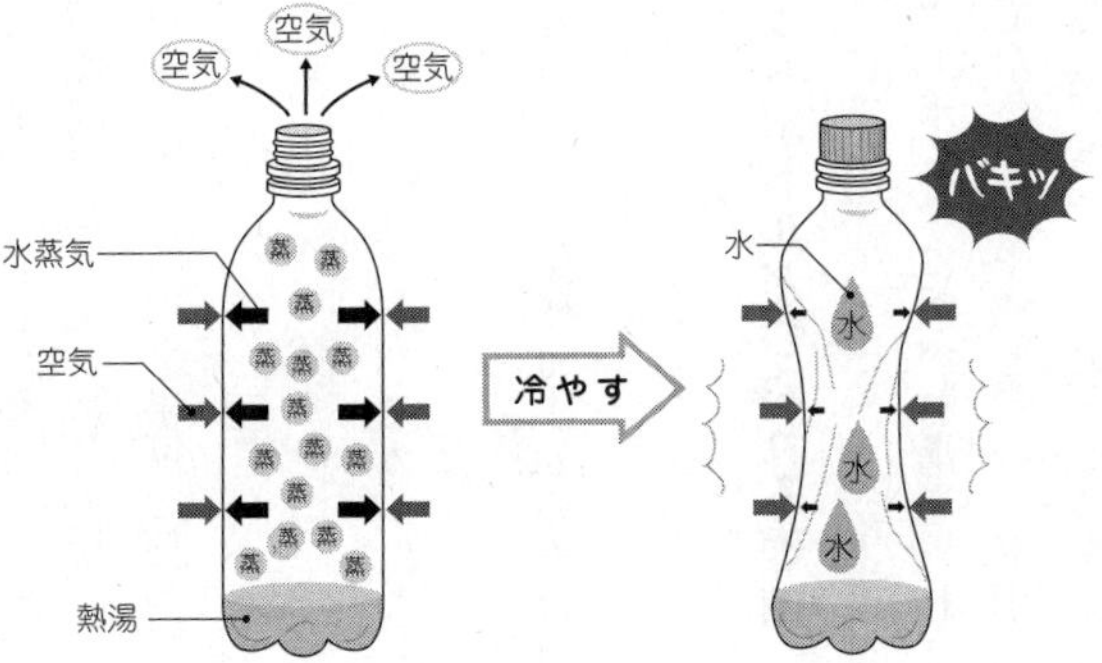

ペットボトルがつぶれた原理は、次のとおりです。熱いお湯を入れて少したつと、ペットボトルの中は活発に動く水分子（水蒸気）でいっぱいになり、もともとペットボトルの中にあった空気が追い出されます。その後、フタをして冷やすことで、容器内に充満していた水蒸気が水にもどります。すると、ペットボトルの中の気圧が下がり、外からはたらく大気圧の力でつぶされてしまうのです。

大きく頑丈なドラム缶の場合も、同じ結果になります。ドラム缶の中に水を入れて熱し、水蒸気で空気を追い出してから密閉後、冷やすとつぶれます。

人間が大気圧でつぶれないのは、からだ

の内側からの圧力と大気圧とがつりあっているからです。

高度と大気圧の関係

登山などで高所に行ったとき、おやつに持っていったお菓子の袋が、ぱんぱんにふくらむことがあります。どうしてそのような現象が起こるのでしょうか。

大気は高所に行くほど薄くなり、そのぶん大気圧も小さくなります。

例えば、密閉した袋を、気圧一〇一三ヘクトパスカルの山のふもとから高所へ持って上がると、袋の中の気圧は一〇一三ヘクトパスカルのままで、袋の外の気圧だけがだんだん小さくなります。そうして気圧の差が生まれることで、袋の中の空気がふくらむのです。

ちなみに、標高三七七六メートルの富士山山頂の気圧は、約六三八ヘクトパスカルです。

大気圧が小さくなると、水が沸騰する温度（沸点）も下がります。水は、一気圧の場所では一〇〇℃で沸騰しますが、富士山の頂上では約八七℃で沸騰します。エベレスト山の頂上では、約七一℃です。

そのため、三〇〇〇メートルを超える高地で暮らしている人たちは、料理をするのに圧力鍋を使います。普通の鍋だと高温で調理することができず、生煮えになってしまうからです。

大気圏って何?

大気圏は、どんな構造をしているのでしょうか。

もっとも地面に近い大気の層を対流圏（地上一一キロメートルくらいまで）、その上を成層圏《せいそうけん》（地上からおよそ一一キロメートル以上で、五〇キロメートルくらいまで）と呼びます。

対流圏と成層圏の上には、中間圏《ちゅうかんけん》（地上からおよそ五〇キロメートル以上で、上空に行くほど温度が下がる）や熱圏《ねっけん》（地上八〇キロメートル以上で、上空に行くほど温度が上がる。オーロラや電離層がある）があります。

私たちが生きるうえで欠かせない空気は、地上から五〇キロメートルくらいまでの対流圏と成層圏にある気体です。空気のうち、水蒸気を除いた乾燥空気の組成は、約七八％の窒素、約二一％の酸素、約一％のアルゴンおよびその他の気体（二

◆大気の構造

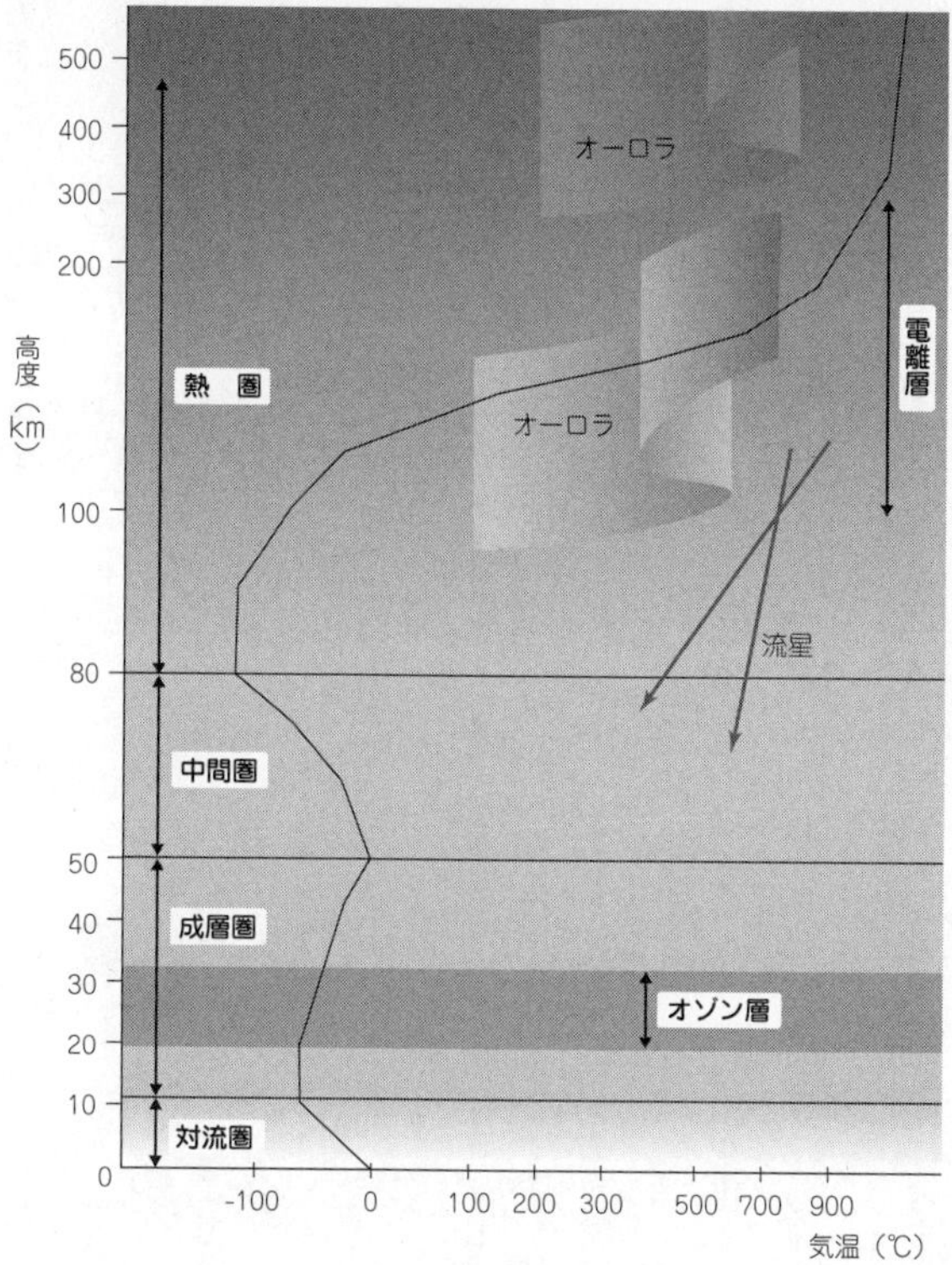
500
400
300
200
高度（km）
100
80
50
40
30
20
10
0
熱　圏
中間圏
成層圏
対流圏
オーロラ
オーロラ
電離層
流星
オゾン層
-100
0
100
200
300
500
700
900
気温（℃）

酸化炭素など）から成っています。

対流圏と成層圏

このうち対流圏には、大気の全量の約八〇％が存在しています。ここでは、上下の空気が入れ替わるような対流（暖まって軽くなった空気が上に行き、冷えて重くなった空気が下に行く動き）が生じ、上下によく混ざり合っています。天気の変化も、空気の対流がある対流圏で起こります。

対流圏がある地上一一キロメートルまでという高さは、エベレストの山頂よりも少し高いくらいです。地球の直径は、約一万三〇〇〇キロメートルです。地球を仮に一〇〇〇万分の一の大きさに縮めると、直径一メートル三〇センチの球になりますが、対流圏はたった一・一ミリメートルの厚さです。

対流圏の上にある成層圏では空気の混ざり合いが少なく、天気の変化も起こりにくくなります。有害な紫外線を吸収するはたらきのあるオゾン層も、成層圏の一部です。

対流圏や成層圏では上空に行くほど空気が薄くなりますが、空気に含まれる気体の割合はほとんど変わりません。

高いところが寒いのはなぜ？

気温を決めるものは……

「お空の上のほうは太陽に近いのに、どうして寒いの？」

幼い子どもにこんな質問をされたら、あなたはどう答えますか？

例えば、高原は避暑地として利用されることも多く、涼しいというイメージがあります。富士山をはじめ、高い山の頂《いただき》には春でも雪が残っていますね。

高いところは、実際に寒いのです。一〇〇〇メートル高所へ行くと、気温はおよそ六・五℃下がることがわかっています。

ですから東京（標高約ゼロメートル）の気温が一五℃のとき、軽井沢（同約一〇〇〇メートル）はおよそ八・五℃、富士山の山頂（三七七六メートル）はおよそマイナス一〇℃、旅客機が飛んでいる上空一万メートルは、およそマイナス五〇℃です。

その他の影響もあるので完全には一致しませんが、おおむねこのような気温にな

◆大気は地表の熱で暖まる

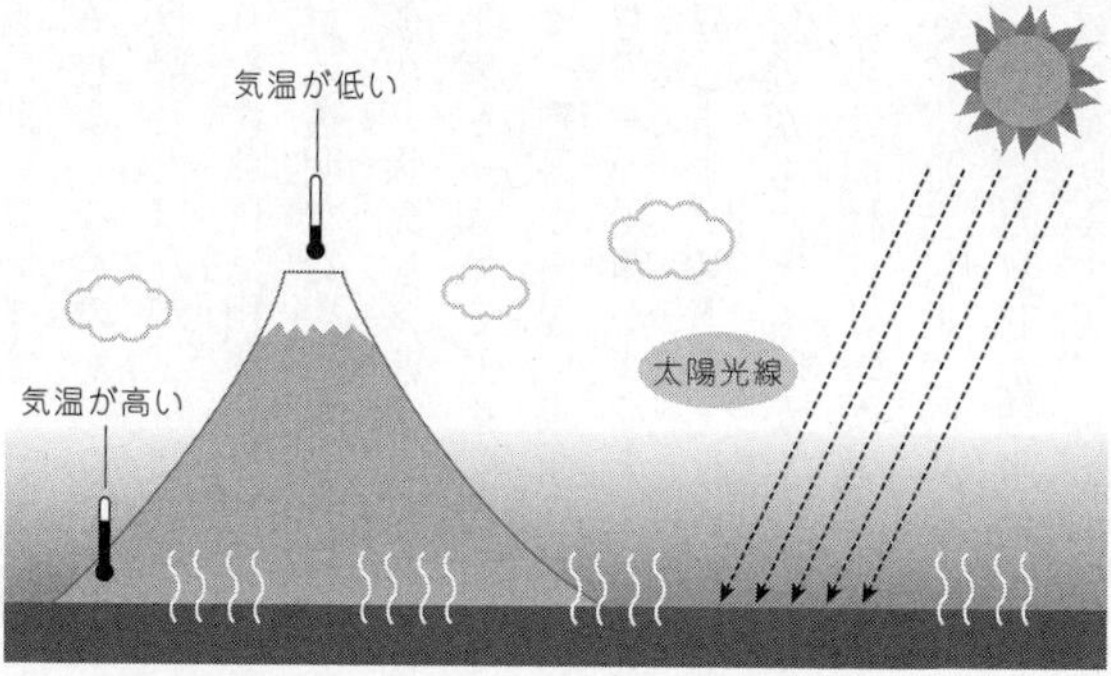

ります。では、どうして上空に行くほど寒くなるのでしょうか。

気温とは、大気の温度のことですから、大気がどうやって暖められているかがポイントです。

太陽光線は、物体に吸収されるほどその物質をよく暖める性質があります。

例えば冬服を選ぶとき、黒い服と白い服、あなたはどちらを選びますか？　デザインやおしゃれではなく機能性で選ぶなら、黒い服を選んでください。黒い色のほうが、太陽光線をよく吸収して暖まりやすいのです。そのような理由もあってか、冬の服は黒っぽい色が多いですね。

一方、白い服は太陽光線をよく反射する

ので夏に向いています。日差しの強い砂漠地域の伝統的な服には、白い生地で全身をくるむようなものがあります。一見、暑いように思われますが、白い生地で日差しを反射したほうが、むしろ涼しいのです。このように、太陽光線を吸収する量と暖まりやすさには相関関係があります。

大気は透明なため、太陽光線を吸収することはありません。地球に入ってきた太陽光線は、大気をスルーして地表面に吸収され、地表面を暖めます。こうして暖まった地表が、大気を直接暖めています。そのため、熱源である地表近くがもっとも暖かく、熱源から遠い高所に行くほど寒いのです。

ただ、一つ疑問が残ります。熱気球を見てもわかるように、暖かい空気は軽いので上昇します。ストーブを置いた部屋は、暖かい空気がどんどん上に向かうので、天井付近がもっとも暖かくなります。

これらと同様に、暖かい空気は上空へ運ばれ、上空を暖めないのでしょうか？

確かに、地上付近で暖められた空気は軽くなって上昇します。でも、上空は空気が薄いので、上昇した空気は膨張します（断熱膨張という）。空気は暖めると膨張する性質がありますが、断熱膨張のように暖められたわけではないのに膨張すると、逆に冷たくなります（断熱冷却という）。

つまり、地表の暖かい空気は確かに上昇するのですが、このとき空気は膨張しながら冷えてしまうので、上空の気温は上がらないのです。

上空はどこまで行っても寒いの?

では、上空はどこまで行っても寒いのでしょうか?

上空およそ三〇キロメートル付近に、オゾンの濃度が高いオゾン層があり、太陽から来る有害な紫外線を吸収しています。紫外線も太陽光線の一種なので、これを吸収したオゾン層は暖まり、気温を上昇させます。

このため、上空およそ一一キロメートルのマイナス五〇℃を境に、上空に行くにしたがって気温が高くなり、およそ五〇キロメートルでは〇℃に達します。

オゾン層付近は、下層に冷たくて重い空気が、上層に暖かくて軽い空気があるので、安定した層構造を成していて、成層圏と呼ばれています（実際はまったく対流活動がないわけではないことがわかっています）。

一方、地表から上空およそ一一キロメートルまでは、下層に暖かくて軽い空気が、上層に冷たくて重い空気があり、常に下層と上層の空気が対流によってかき混ぜられているので、対流圏と呼ばれています。

この対流活動による上昇気流が雲をつくり、雨を降らせているので、気象変化は対流圏だけの現象です。大気の上下動を嫌う旅客機は、対流圏と成層圏の境界（圏《けん》界面《かいめん》という）付近を飛行しているので、窓の景色を見ると雲は必ず目線の下に見えるのです。

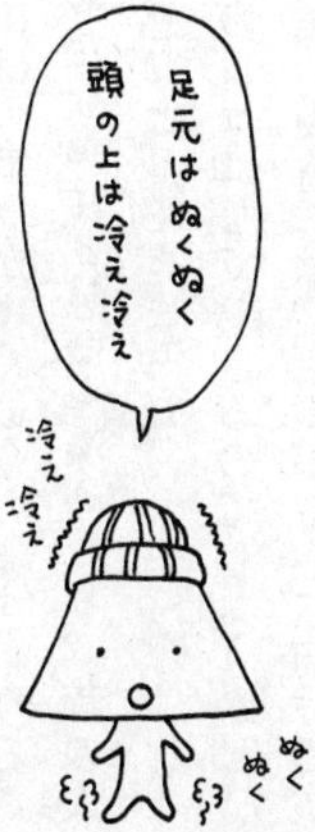
足元はぬくぬく
頭の上は冷え冷え
冷え
冷え
ぬく
ぬく

夏にひょうが降るふしぎ

上がるとザーザー、下がるとカラカラ

春の空には霞《かすみ》がたなびくような雲が、夏空には入道雲がよく似合います。うろこ雲が見えはじめると「今年も夏が終わったのだなぁ」と感慨を深めたり、昔の人は、雲の変化から天気や季節の移り変わりを感じとってきました。

そのように自由自在に姿を変える雲は、どのようにしてできるのでしょうか。

大気の中でも、まわりより気圧の低い低気圧の場所では、空気が中心に向けて吹き上がることで上昇気流が生じます。

水蒸気を含んだ空気の塊（空気塊《くうきかい》）が上昇気流に乗って上空へ運ばれると、大気圧が小さくなり、空気塊は膨張します。膨張した空気塊は、外部から熱を得にくくなり内部の熱を使うため、温度が下がります。

すると、空気塊の中の水蒸気は飽和水蒸気量（空気に含むことのできる水蒸気の量

◆雲の中でひょうが成長

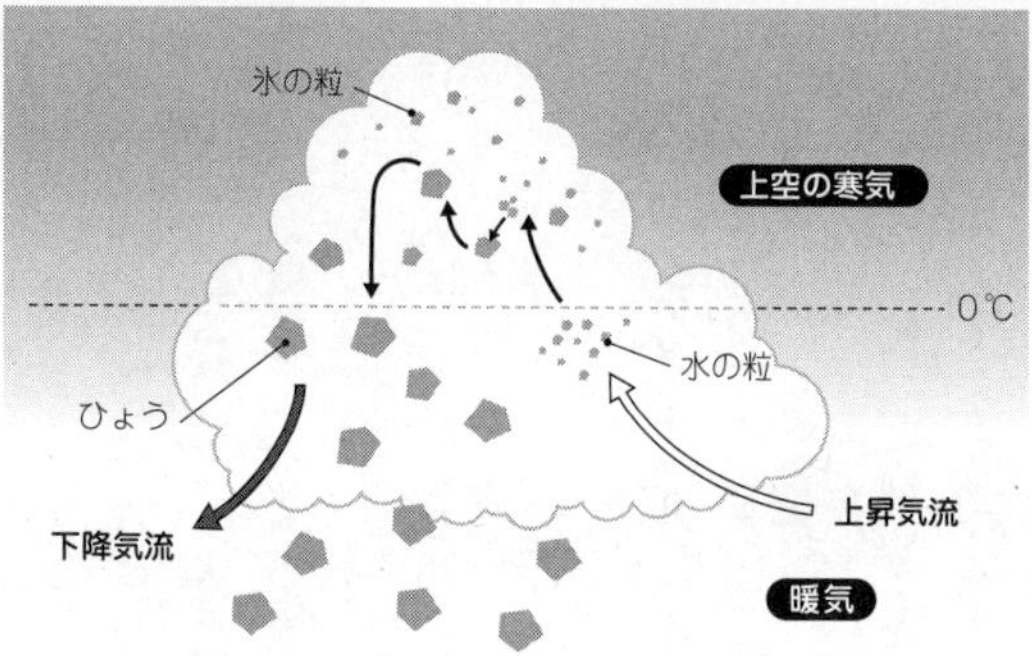

の上限）を超えて水に変わり、空気中に浮かぶ塵などの凝結核《ぎょうけつかく》のまわりに凝結して小さな水滴になります。雲の誕生です。

さらに空気塊が上昇すれば、温度が下がり、雲をつくる粒は水滴と氷粒とが混じったものに、さらに氷粒へと変わります。気温が〇℃以下になると、小さな氷の結晶（氷晶《ひょうしょう》）ができはじめます。これがひょうやあられのもとになります。

気温が〇℃からマイナス四〇℃の間では、水滴と氷晶が混在します。マイナス四〇℃以下になると、ほとんどが氷晶になります。

このような水滴や氷晶が無数に集まって浮かんでいるのが雲の通常の姿です。

雲をつくっている雲粒の大きさは、雲の種類によって異なりますが、直径二～四〇マイクロメートル（＝〇・〇〇二～〇・〇四ミリメートル）程度です。雲粒がお互いにくっつき合って成長すると雨粒になります。

夏によく見られる積乱雲《せきらんうん》（入道雲など）は、激しい上昇気流の結果できたものです。逆に、空気塊が下に動く下降気流では、下に行くほど空気塊は縮み、温度が上がります。こうした環境下では、雲は消えてしまいます。

つまり、空気は「上がるとザーザー、下がるとカラカラ」という変化が起こっています。

直径二〇センチメートル以上のひょう!?

二〇一〇年七月のこと、米国で直径二〇・三二センチメートルの巨大なひょうが降りました。重さは約八七〇グラムでした。直径二〇センチメートルといえば、もはや単なる「氷の粒」とはいえないですね。「そんなものが降ってきて頭にあたったら死んじゃうよ」と怖くなります。

日本でも、ニワトリの卵大のひょうが降って農作物に莫大な損害を与えたことがあります。

ふわふわした雪ならば、頭や顔にあたってもどうということはありませんね。あられでも「痛い」ですみますが、ひょうがあたったらそれどころではありません。ひょうがあたると、農作物に傷がついたり穴が開いたり、倒されたりしてしまいます。年間、何十億円もの被害が出ているといわれています。

春先に、あられがパラパラと降ることがあります。あられとひょうは「固形降水」という雪の仲間です。あられが成長して大きくなったものをひょうと呼びます。どちらも同じ氷の粒ですが、あられは直径が二〜五ミリメートル、ひょうは直径五ミリメートルを超えるものを指し、大きいものでは直径二〇センチメートルを超えることもあるのです。

巨大なひょうができるわけ

ひょうは雪の仲間にもかかわらず、多くが夏に降ります。その理由は、ひょうが大きく上に向かって発達する積乱雲の中でつくられるからです。積乱雲は、入道雲やかなとこ雲などとも呼ばれ、夏の雲の典型です。

積乱雲の上のほうには、直径〇・一ミリメートル程度の氷の結晶がたくさん浮かんでいます。小さな氷の結晶どうしが合わさって、次第に大きな結晶をつくります。

雲の中には下から上へ向かう空気の流れがあるため、小さな結晶は浮いていられますが、ある程度大きくなると落ちていきます。落下する途中でさらに冷たい水滴がくっつき、凍りついて大きくなった氷の粒があられです。あられは、ほとんど透明な氷でできているのです。

このとき、非常に強い上昇気流があると、氷の粒は簡単に下に落ちてきません。少し落下するとまた強い空気の流れに吹き上げられ、雲の中を行ったり来たりします。この間に、氷の粒は水滴をくっつけながら、凍りついてどんどん大きくなりひょうになります。ついには、直径二〇センチメートル大まで成長することもあるのです。

もしもひょうを拾ったら、二つに割ってみてください。ひょうが降っている最中に外出するのは危険なので、降り終わってから拾いましょう。

割った断面を見ると、透明な氷の層と不透明な氷の層とが何層にも積み重なっているはずです。空気の流れの中で行ったり来たりをくり返すことで、バウムクーヘンのように何層もの氷の層ができたというわけです。

冬、新幹線が関ヶ原付近で徐行するわけ

歴史的に有名な地区

東海道新幹線をよく利用する人なら、冬期に名古屋から京都に向かう途中、雪のために新幹線が遅れたり止まったりして、不便な思いをした経験があるのではないでしょうか。他の場所では、東海道新幹線が雪の影響で徐行することはまずありません。

東海道新幹線の名古屋―京都間には、岐阜羽島《はしま》と米原《まいばら》という二つの駅があります。二つの駅の中間地点より米原寄りに、「関ヶ原の戦い」で有名な関ヶ原町があります。一六〇〇年、徳川家康を総大将とする東軍と、毛利輝元《てるもと》を総大将に石田三成を中心とする西軍とが関ヶ原で争い、東軍の大勝利で終わったと伝えられる地であり、歴史上とても有名な場所です。

冬、日本海側に雪が多いわけ

日本では、冬になると日本海側と太平洋側で天気が大きく違います。日本海側は湿度が上がって雪が多く、他方、太平洋側は乾燥して晴天が多くなります。

冬期は、中国大陸から日本列島に、シベリア高気圧の非常に冷たい空気が流れてきます。「西高東低」の冬型の気圧配置になると、天気図では日本付近の等圧線がほぼ南北にのびて縦じま模様になります。このとき、強い北西の季節風が吹いています。

大陸からの季節風はもともと冷たく乾いていますが、暖かい日本海を渡るときに、水蒸気をたくさん含んだ暖かく湿った空気に変わります。そうすると、大気の状態が不安定になり、空気の対流が起こってたくさんの積雲ができます。積雲はやがて積乱雲に発達して、日本海側の平野部に雪を降らせます。

とくに、季節風が日本列島の脊梁《せきりょう》山脈（背骨のように列島を縦断している山脈。ここでは奥羽《おうう》山脈、越後山脈、飛驒山脈などの総称）にぶつかって上昇気流になり積乱雲に発達すると、山間部に大量の雪を降らせるのです。

季節風が平野部や山間部に雪を落とした後、脊梁山脈を越えて太平洋側に出ると、下降気流になって雲が消えます。このため、太平洋側の各地では、冬期に乾燥した晴れの天気が多くなるというわけです。

関ヶ原の地理的特徴

関ヶ原一帯は、どちらかというと日本海側よりも太平洋側に位置しています。それなのに、なぜ大量の積雪に見舞われるのでしょうか。

中国大陸のシベリア高気圧から吹きつける北西風は、若狭湾《わかさ》から琵琶湖の北端を通って関ヶ原に達します。若狭湾から関ヶ原までの間には高い山がなく、三国山《みくにやま》（八七六メートル）という低山があるくらいです。

三国山を越えるともう琵琶湖の北部ですから、北西風は、日本海から山々などにほとんど邪魔されることなく、関ヶ原を通り道にして濃尾平野《のうび》に抜けます。そのような理由で、水蒸気をいっぱいに蓄えた北西風が関ヶ原付近に達したとき、たっぷり雪を降らせるのです。

名古屋のあたりでは、冬に伊吹山系を越えてくる強い風を「伊吹おろし」といいますが、これは関ヶ原の近くにある伊吹山に由来しています。

まぼろしの別ルート

東海道新幹線で名古屋から西に向かう際、もしも鈴鹿山脈に長いトンネルを通すルートをつくっていれば、関ヶ原付近で雪との戦いをせずにすんだはずです。しかし、鈴鹿山脈を抜けるルートの場合、工期や技術的な問題で難工事が予想されました。

また、世界銀行から「東京オリンピック（一九六四年）開催までに開業する」という融資条件も提示されていたため、現状のように関ヶ原経由の中山道《なかせんどう》を通るルートが選ばれたのでした。

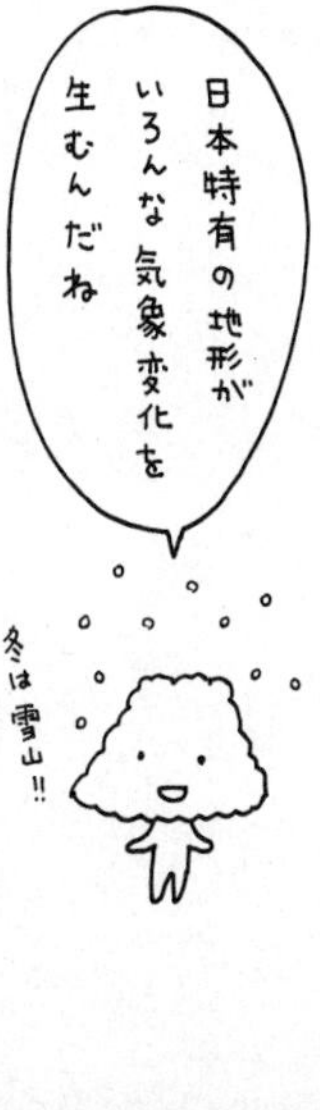
日本特有の地形が
いろんな気象変化を
生むんだね
冬は雪山!!

Part 3

やっぱりふしぎな宇宙のはなし

地球が宇宙の中心だった⁉

コペルニクス的転回とは？

それまで常識とされた考え方が一気に新しくなる過程で、急展開の分岐になることをよく「コペルニクス的転回」といいます。

天体の動きについて、かつて地球中心説（天動説）が支配的だったにもかかわらず太陽中心説（地動説）を唱えた天文学者ニコラウス・コペルニクスの名前に由来しています。

天動説は地球を中心として「天が動いている」という学説、地動説は太陽を中心として地球などの「惑星が動いている」という学説ですから、まさに真逆の発想であり、大転換であったといえます。

また、哲学者イマヌエル・カントが自分の考えが独創的であることを示そうとして使った言葉としても知られています。

◆地球中心説（天動説）

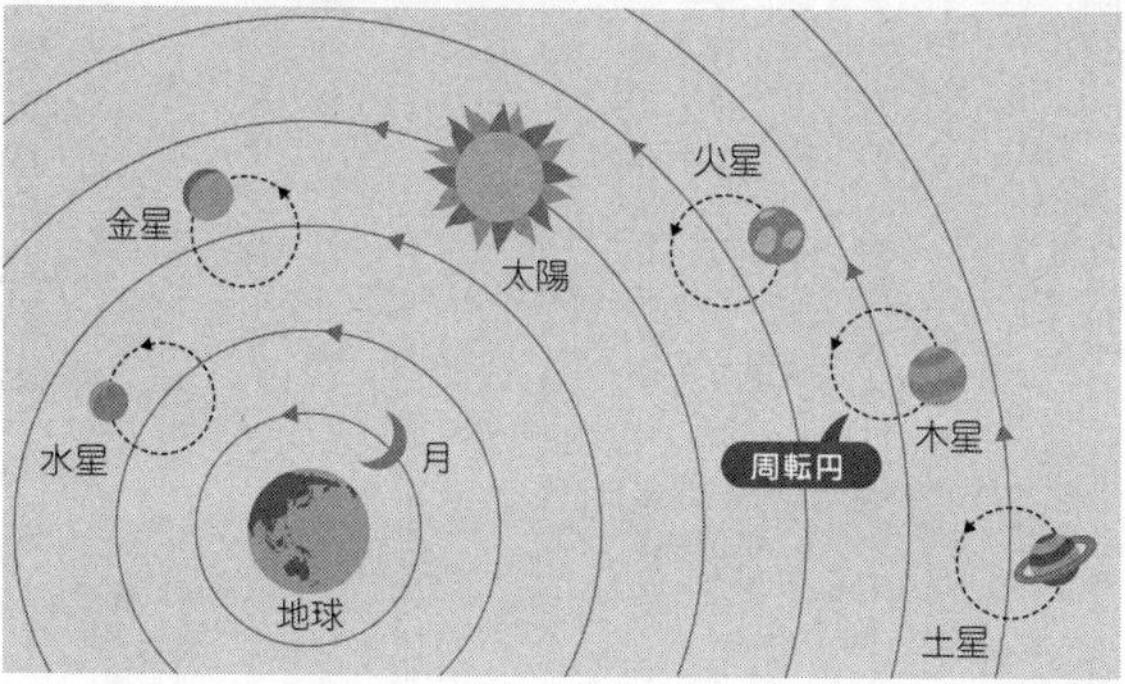

◆太陽中心説（地動説）

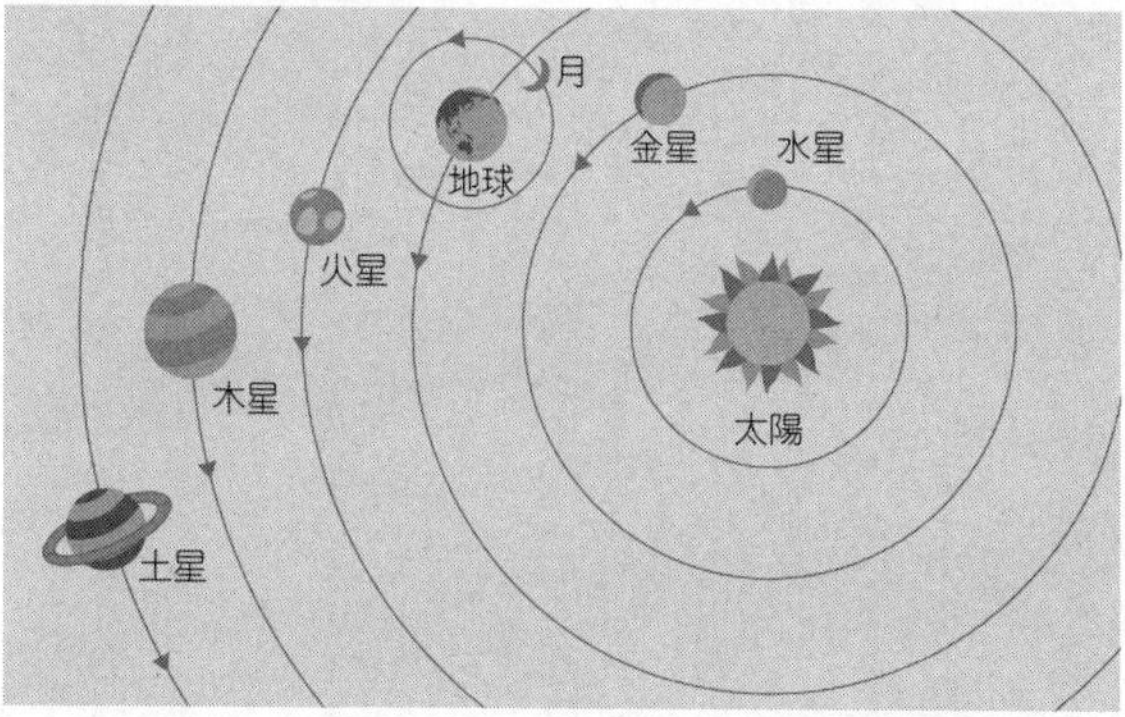

天動説から地動説への壁

天動説は、夜空に輝く恒星が貼りついた丸天井を想定し、天球の中心に地球を置きます。そのまわりに順次、月・水星・金星・太陽・火星・木星・土星の軌道を置く精緻なモデルです。

順行したり逆行したりするため〝惑う星〟とされた惑星の運動についても、大きな軌道の一点を中心としてさらに小さな円を描くという「周転円《しゅうてんえん》」説などを導入して説明されていました。

そのような状況で、コペルニクスは、地球ではなく太陽を中心に据えたほうが、むしろ惑星の位置を簡単に、かつ正確に決められることに気づき、新しく地動説を唱えます。しかし、当時はまだ、地球が太陽のまわりを公転している場合に観測されるはずの「年周光行差《ねんしゅうこうこうさ》」「年周視差《ねんしゅうしさ》」が見出されていませんでした。

そのため、地動説を間違いであると批判されても反論することができなかったのです。また、コペルニクスの時代、惑星の運動については地動説モデルよりも天動説モデルのほうが、ずっと精密に説明できていました。

画期的であり大発見であった地動説も、すんなり受け入れられたわけではありませんでした。

地動説の証拠を求めて

コペルニクスは、地動説について書いた本を一五四三年に出版しています。しかし、地動説を裏づけるために必要であった「年周光行差」の存在は、それから百八十年余り後の一七二七年になって確認されました。

年周光行差とは、地球上の観察者が公転によって高速で動いている場合、光の速度と観察者の動く速度の合成によって、光がやってくる方向が変化して見えることと、その度合いをいいます。これで一つ、地球が公転していることを示す証拠が得られました。

もう一つの証拠である「年周視差」は、なかなか確認されませんでした。年周視差とは、地球が太陽のまわりを公転すると地球の近くにある星は一年周期でわずかに動いて見えること、その角度をいいます。

もう少し身近な例で考えてみましょう。

窓のそばに、花瓶を置きます。花瓶を見ながら頭を少し動かしてみても、もちろん花瓶は動いて見えません。では、窓の外に見える遠くの風景と花瓶とを一緒に見ながら頭を少し動かしてみてください。すると、景色はそのままなのに、花瓶だけ動いて見えたのではないでしょうか。

頭の位置が変わると、遠くにあるものと近くにあるもので見え方が変わります。この見え方の違いを「視差」というのです。つまり、年周視差が検出されないということは、恒星が非常に遠方にあることを示唆しています。

当時の天文学者たちは「地球が太陽のまわりを回っているなら、半年後には近くの星と遠くの星の見え方が変わるはずだ」と考えましたが、なかなか観測できませんでした。

一八三八年になって初めて、はくちょう座六一番星の年周視差の検出に成功しました。恒星が非常に遠くにあったために、年周視差があまりにも微小でなかなか検出できなかったのです。

また、一八五一年、レオン・フーコーは、一日中振れがとまらないような巨大な振り子を使えば、地球の自転によって、振れる向きが徐々にずれていくことを見出しました。初めて地球の自転が証明されたのです。

◆年周光行差

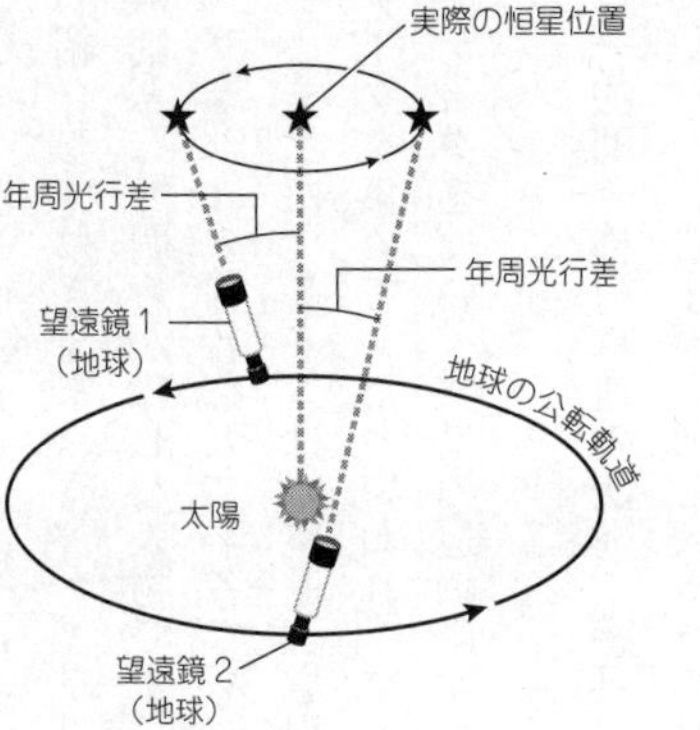
実際の恒星位置
年周光行差
年周光行差
望遠鏡１
（地球）
地球の公転軌道
太陽
望遠鏡２
（地球）

◆年周視差

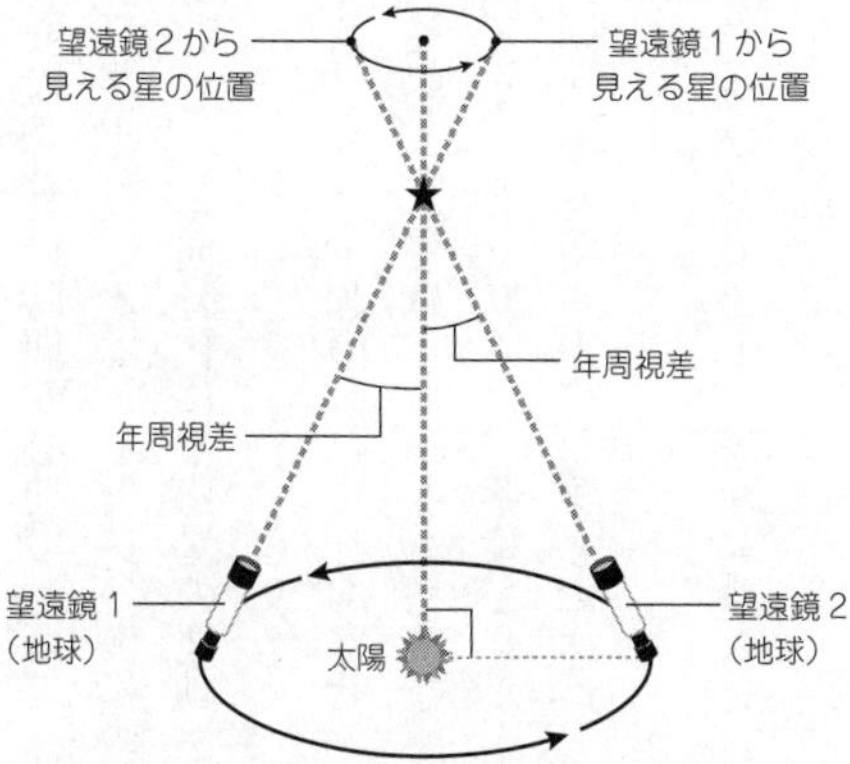
望遠鏡２から
見える星の位置
望遠鏡１から
見える星の位置
年周視差
年周視差
望遠鏡１
（地球）
太陽
望遠鏡２
（地球）

コペルニクスの地動説は、ガリレオ・ガリレイ、ケプラー、ニュートンらによって現代の確固たる宇宙観へとつなげられましたが、地球の自転・公転について明確で直接的な証拠が得られるまでには約三百年という長い時間が必要でした。

ここで、ドイツの天文学者ヨハネス・ケプラー（一五七一～一六三〇）について少し紹介しておきましょう。ケプラーは、ガリレオと同時代に、惑星の運動法則を経験則として明らかにした人物です。

ケプラーは、有名な天文学者であったティコ・ブラーエのもとに身を寄せ、研究に努めました。ティコは、望遠鏡を用いない観測としては、もっとも精密な惑星位置データを集めていたといわれます。師匠の死後、ケプラーは、蓄積された膨大な観測データを使い、惑星の運動に関する三つの法則を明らかにしました。

第一法則：楕円軌道の法則。惑星は太陽を一つの焦点とし、惑星によりそれぞれ決まった形と大きさの楕円軌道上を公転する。

第二法則：面積速度一定の法則。太陽と惑星を結ぶ線分は、等しい時間に惑星ごとにそれぞれ等しい面積を覆いながら公転する（つまり、惑星は太陽に接近したときには速く動く)。

第三法則:調和の法則。惑星の太陽からの平均距離の三乗と公転周期の二乗との比は、惑星によらず一定である。

これらは「ケプラーの法則」と呼ばれ、後にニュートンを刺激して万有引力の法則を導くきっかけとなりました。

ガリレオが望遠鏡で見た宇宙

望遠鏡との出合い

天文学者、物理学者として知られるガリレオ・ガリレイは、一五六四年、イタリアのピサで誕生しました。ガリレオが稀代の学者として後世に名を残したのは、望遠鏡との出合いがあったからといっても過言ではありません。

歴史上、最初につくられた望遠鏡は、凸《とつ》レンズを対物レンズに、凹《おう》レンズを接眼レンズとして使用したものでした。望遠鏡の発明者については諸説ありますが、一六〇八年にオランダの眼鏡職人、ハンス・リッペルスハイが特許申請をした記録が残されています。

翌年の一六〇九年五月、ガリレオはたった一日で倍率一〇倍の望遠鏡を作成し、以降、さらに高倍率のものを手がけていきます。最大で倍率二〇倍の望遠鏡までつくったほどです。

◆ガリレオの望遠鏡

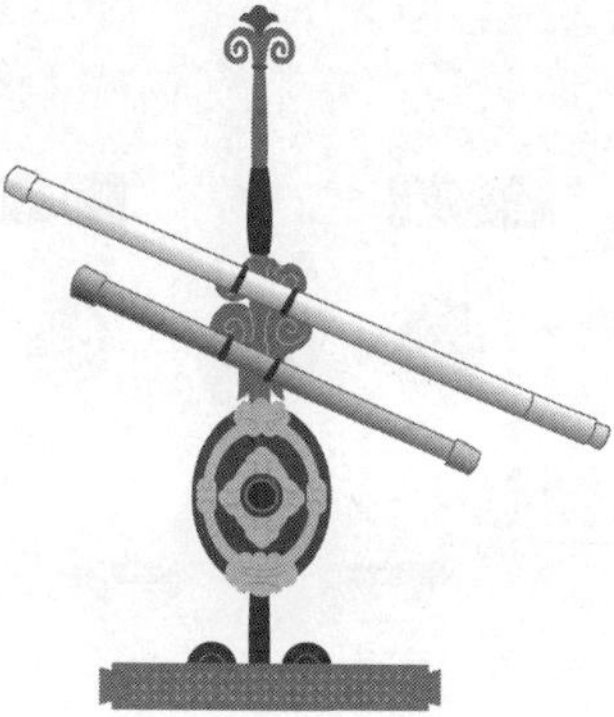

眼鏡職人たちがつくった望遠鏡は、倍率が二～三倍にすぎず像がぼやけていましたが、ガリレオの望遠鏡はそれよりも鮮明な像を結びました。

望遠鏡が広げた世界

当時、ガリレオがつくったのは口径四センチメートルのちっぽけな望遠鏡でした。今ある安物のおもちゃの望遠鏡よりも性能の劣ったものでしたが、宇宙に向けたときの驚きは、さぞかし大きかったことでしょう。

望遠鏡で宇宙を覗《のぞ》くと、水晶玉のように美しい球体だと考えられていた月には、表面に凹凸《おうとつ》（クレーター）と黒い部分（ガリ

◆金星の満ち欠け

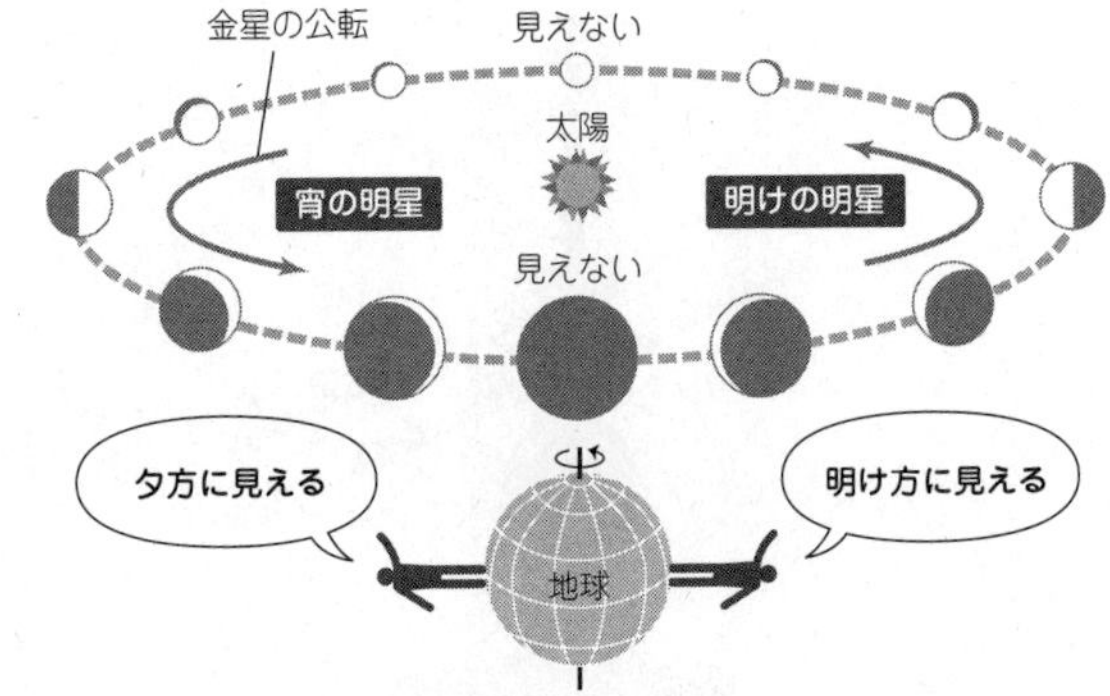

レオは〝海〟と呼んだ）が見えました。汚《けが》れなき光球と考えられていた太陽にも、黒い染み（黒点）がありました。

天動説では月より遠い天は不変で、永遠に変化は訪れないとされていたため、形や位置を変える黒点が太陽にあるのは不可解なことでした。黒点の変化は、太陽が自転していることの証明であったからです。

天の川が星の集まりであることを発見したのも、ガリレオです。さらに、木星の四大衛星もガリレオが見つけました。四つの衛星はガリレオ衛星と呼ばれていますが、木星に近い側から順に、「イオ、エウロパ、ガニメデ、カリスト」という名前がつけられています。

ガリレオは一六一〇年三月、ガリレオ衛星の観察記録を「星界からの報告」という論文で発表しました。木星の衛星が、地球ではなく木星のまわりを回っているという結果は、地球を中心に回っていない天体が存在することを明らかにし、また、衛星と同様に、地球は大きな太陽のまわりを回っているのが自然であるという考えを導きました。天動説にとって、またもや不利な事実が明らかになったのです。

金星の観測では、金星は満ち欠けするうえに、大きさを変えることも発見しています。天動説のモデルが正しいならば、金星はある程度満ち欠けをすることはあっても、丸い形にならないはずでした。金星の満ち欠けは、天動説では説明が難しく、地動説でうまく説明できました。

地動説のバトン

ガリレオは、著作『プトレマイオスとコペルニクスと二大世界体系についての対話（略称『天文対話』）』で地動説を支持したため、一六三三年に宗教裁判にかけられ、異端として地動説の放棄を命ぜられ、幽閉の身となりました。

そのとき「それでも地球は動いている」とつぶやいたという逸話がありますが、

後に弟子が地動説を盛り上げるために創作したという「つぶやいていない」説と、ギリシャ語で他人にわからないように「つぶやいた」説があります。

幽閉中にもかかわらず、『力学と運動という二つの新しい科学に関する講話と数学的証明（略称『新科学対話』）』を著し、慣性運動や落下法則などの地上の運動についても明らかにしました。晩年は両眼の視力を失うなどして、一六四二年、不遇のうちに死去しました。

ガリレオが亡くなった同年、奇《く》しくもニュートンが誕生しています。ニュートンの慣性の概念を始めとした「運動の法則」および「万有引力の法則」によって、コペルニクス、ガリレオ、ケプラーと受け継がれた地動説は、ようやく力学的な証明を果たしたのです。

地動説の証明は
1人では
できなかった

宇宙の誕生と元素の合成

宇宙の始まりはビッグバン

二十世紀初頭、アメリカのウィルソン山天文台にエドウィン・ハッブルという人物がいました。弁護士から天文学者へ職を替えたという異色の経歴の持ち主です。彼は、大型の天体望遠鏡を使って遠くにある星の大集団、つまり銀河をいくつも観測し、銀河の色が赤っぽいことを見出しました。

この現象は「光のドップラー効果」と呼ばれます。観測者から遠ざかるものは赤っぽく見え、近づくものは青っぽく見える現象です。これによって、宇宙は膨張していることがわかったのです。一九二九年のことでした。

宇宙が今もなお膨張しているのであれば、過去にさかのぼって考えると、宇宙は超高密度の状態の一点から生まれてきたと考えられます。さらに、現在の宇宙に存在する物質は、水素やヘリウムなど軽い元素が多いことから、超高密度の宇宙の温

◆ビッグバン

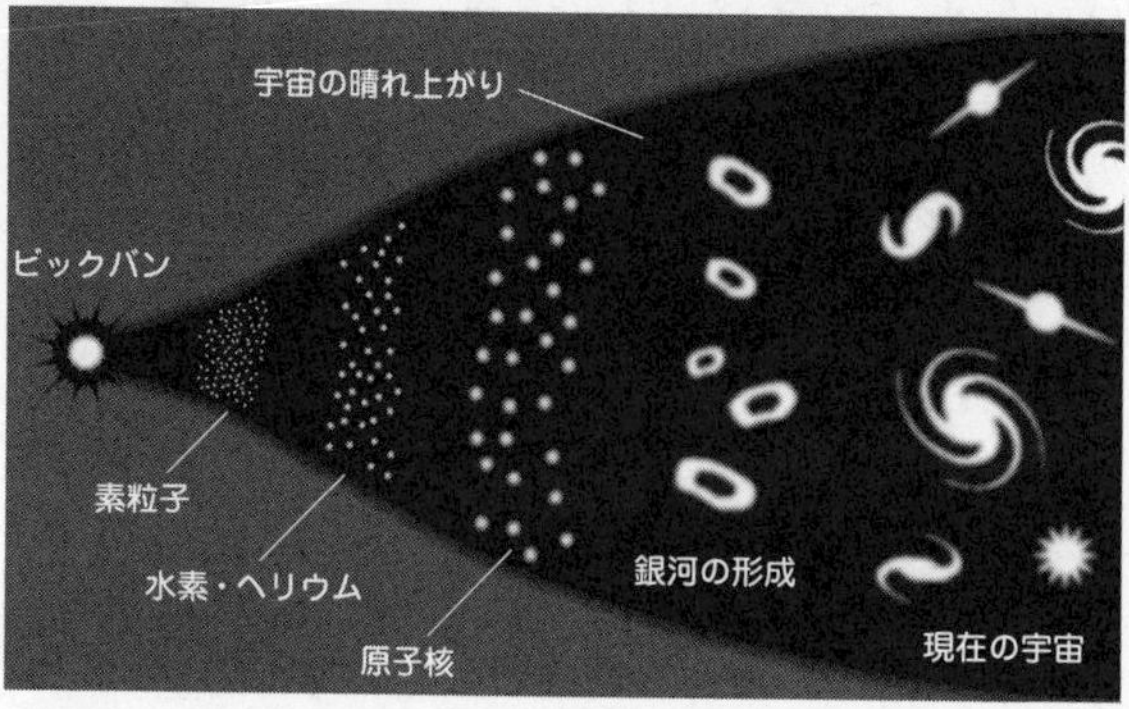

度は超高温になると考える人物が現れました。

理論物理学者のジョージ・ガモフです。彼は、一九四七年に宇宙は超高温・超高密度の火の玉から始まったと提唱しました。

当時、天文学の世界で多くの科学者の支持を得ていたのは、イギリスの天文学者であるフレッド・ホイルの「定常宇宙論《ていじょう》」でした。定常宇宙論は、ハッブルが発見した宇宙の膨張は認めつつも、次々に銀河が生まれることで、結局、宇宙の物質の密度は保たれ、永遠に不変だとする考え方です。

ホイルは、ガモフの理論を受け入れることができず、なかば馬鹿にして〝大爆発

〝(ビッグバン)〟理論と呼びました。この表現が非常にわかりやすかったため、世間ではビッグバンという言葉が定着してしまいましたが、もともとはガモフの理論を馬鹿にした言い方だったのです。

ガモフは、宇宙が火の玉から生まれて膨張しているのであれば、ビッグバンのときの超高温からだんだんと冷えて、現在では宇宙の温度は三ケルビン(セ氏でマイナス二七〇℃)前後になっているだろうと予想していました。

その後、そのことが「宇宙背景放射」として発見されて、ガモフのビッグバン理論は定常宇宙論に勝るものになっていきます。宇宙背景放射とは、宇宙の全方向からほぼ一様にやってくる電磁波です。波長一ミリメートルあたりのマイクロ波領域でもっとも強く、そのスペクトルから三ケルビンの温度であることが証明されました。

小さな元素から次々に合成

ビッグバンが起こった一万分の一秒後には、宇宙の温度は一兆℃、大きさは太陽系ほどに広がり、一秒後には、宇宙の温度が一〇〇億℃、大きさが一兆キロメート

◆ビックバン元素合成

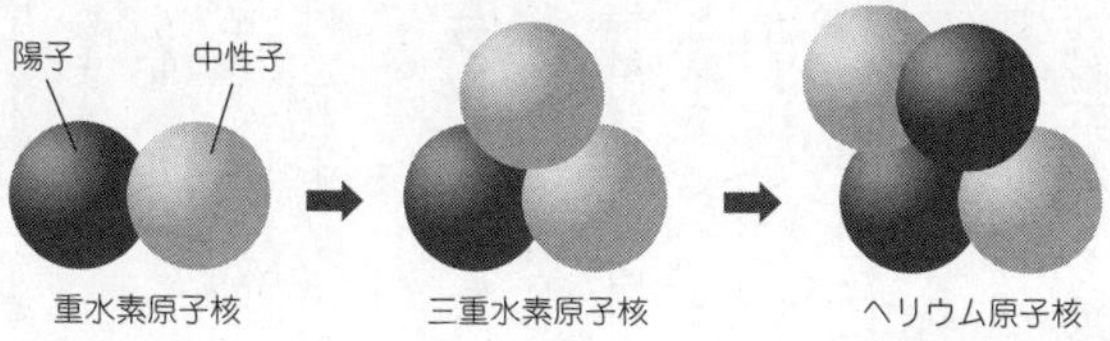

ル（太陽系の一〇〇倍）にふくれあがりました。宇宙の歴史は、この大爆発までさかのぼることができ、今からおよそ百三十八億年前に始まったといわれています。

宇宙の誕生後、最初につくられたのは水素原子核です。ビッグバンの三分後には、バラバラだった陽子と中性子が結びつき、重水素や三重水素、ヘリウムなどの原子核がつくられます。「ビッグバン元素合成」です。

宇宙に存在する元素のほとんどは水素、次に多いのはヘリウム（質量比で約八％）であり、その他の元素はほんのわずかです。これらはビッグバンの後、まもない段階でつくられました。

さらに恒星が生まれると、恒星内部では、四つの水素原子核が一つのヘリウム原子核に変化する水素核融合反応が進行します。ヘリウムがある程度たまると、今度はヘリウムが核融合反応を始めます。

太陽より重い星では、炭素や酸素、窒素も次々に核融合反応を始め、原子番号二六番の鉄までの元素がつくり出されます。鉄の原子核は大変安定しているため、恒星の中ではこれよりも大きな元素は合成されませんでした。

金やウランができた

鉄よりも大きな元素は、いつつくられたのでしょうか。

巨大な恒星は、寿命を終えるときに「超新星爆発」を起こします。そのときの膨大な圧力と熱で、ラジウムやウランなどの元素が一度につくられました。

恒星に含まれていた原子や超新星爆発時に生成した元素の大部分は、爆発によってまわりの宇宙空間にばらまかれます。ばらまかれた元素は星間ガスや星間塵《せいかんじん》となって宇宙にただよい、新たな恒星や惑星の材料となります。

地球上に水素からウランまでの多くの元素が存在しているのは、地球あるいは地球を含む太陽系が、多数の恒星、しかも太陽よりもかなり質量の大きな恒星が起こす超新星爆発によって放出した星間ガスや星間塵が集まってできたからです。
金やウランなどの資源は、超新星爆発の名残りなのです。

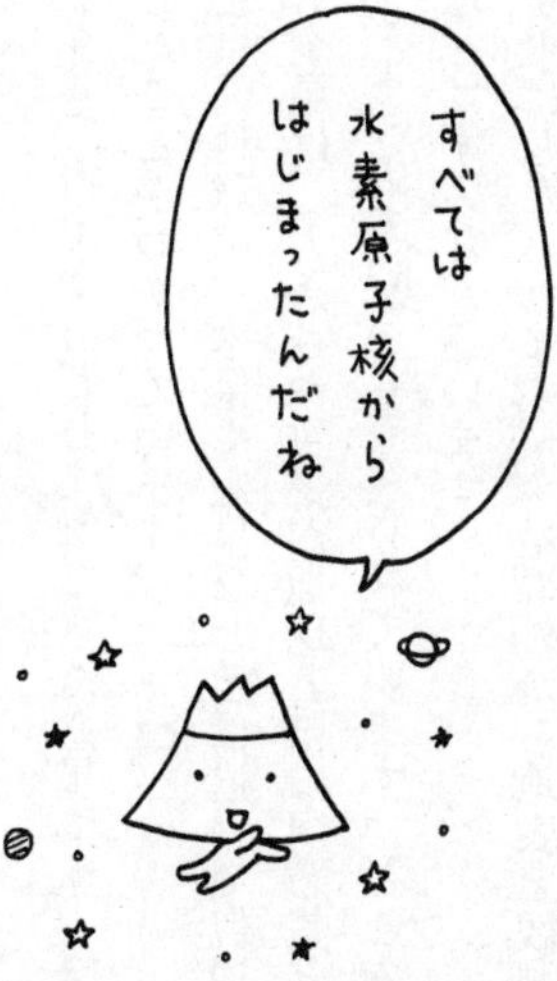

地球と金星の運命を分けたもの

金星という惑星

金星は「明けの明星」「宵《よい》の明星」として古くから親しまれてきた惑星です。金星と地球は、同じような過程で誕生したことがわかっています。

惑星のなかでも太陽に近い水星、金星、地球は、木星や土星などとは違って似通《にかよ》った特徴をもつ兄弟星です。なかでも金星は、大きさや質量が地球とほぼ同じことから、内部のつくりや構成する物質もよく似ていると考えられています。ところが、金星の表面の様子を見ると、地球とはずいぶん違います。

仮に、金星に向けて探査ロケットを飛ばしたとします。金星の外から地表を観測しようと試みても、地表はまったく見えません。なぜなら、金星の地表から高度約五〇~六五キロメートルは、厚い雲に覆われているからです。

地球の雲粒は水からできていますが、金星にある雲は濃硫酸でできています。そ

◆金星と地球の違い

	金星	地球
太陽からの距離〔AU〕	0.723	1.00
公転周期〔地球日〕	224	365
自転周期〔地球日〕	243	1.00
赤道半径〔km〕	6052	6378
密度〔g／cm^3〕	5.24	5.51
平均気圧〔hPa〕	92000	1013
平均気温〔K〕	750	288

厚い大気に覆われているため地表面がまったく見えない

のため、雲は硫黄の粒が混じった黄色っぽい色をしていて、視界は三キロメートルくらいと推定されています。大気の成分は、主に二酸化炭素九六・五％、窒素三・五％であり、つまりほとんどが二酸化炭素です。

金星の大気圧は、地球の海底約八九〇メートルの水圧に相当する、約九〇気圧に達します。このため、大気の密度は地球の約一〇〇倍（〇・一キログラム／立方センチメートル）です。

九〇気圧での水の沸点は三〇〇℃ですが、金星の地表付近の温度は沸点よりはるかに高く、四〇〇℃を超えています。これは、大量の二酸化炭素による温室効果によるものです。

運命の分かれ道

地球が誕生した約四十六億年前、地球の大気は水素とヘリウムが主でしたが、やがて太陽風に吹き飛ばされてなくなります。次に、地殻がつくられて火山活動が活発になり、地球内部から噴出した気体が主な大気成分になりました。二酸化炭素、窒素、水蒸気などです。

地球は、太陽からの距離が適度にあったため、金星に比べて単位面積あたりの太陽日射、および紫外線が弱く、水蒸気が分解されずにすみました。火山活動が収まってくると、水蒸気は雨になり、雨が海をつくり、「水の惑星」と呼ばれる星ができたのです。

このとき、雨は大量の二酸化炭素を海水に溶かし込みました。二酸化炭素を含んだ「原始の海」は、さまざまな生命を生みました。そのなかに光合成を行う生物がおり、大気中に酸素を放出しました。こうして、地球の主な大気成分は窒素、酸素、水蒸気になったのです。

金星にも、誕生して間もないときには水蒸気が存在していました。現在より太陽が暗かったこともあり、金星にも二酸化炭素を溶かし込んだ海ができていたと考えられています。ところが、太陽が明るさを増したため、海水の温度が上がり、二酸化炭素は大気中に放出されました。

二酸化炭素の温室効果により、さらに地表の温度が上がって大気中の二酸化炭素が増えるという循環が生まれます。やがて、高温のために海水は蒸発して水蒸気になり、太陽からの強い紫外線で水素と酸素に分解され、軽い水素は宇宙空間に飛び去ってしまいました。

地球と金星の運命を分けた最大の原因は、金星が地球よりも四〇〇〇万キロメートルあまり太陽に近かったことだったのです。

月は地球のきょうだいだった!?

近くて遠い月のはなし

太陽系の惑星のうち水星と金星以外は、惑星のまわりをまとわりつくように回る衛星を従えています。地球がもつ衛星は月です。

月は、私たちにとってもっとも親しみのある天体の一つです。古来、詩歌に詠まれたり暦《こよみ》の助けになったり、暮らしになくてはならない存在でした。しかし、科学的にわかっていないことが意外に多く、今でも不思議な天体です。

次に挙げるのは、月について明らかになっていないことの一例です。

「月の内部はどうなっているのか」
「他の衛星に比べて、母惑星《ぼわくせい》（地球）に対するサイズが大きすぎるのはなぜか」
「地球に対して常に同じ面を見せている（自転と公転の周期が同期）のはなぜか」

「地殻の厚さが表側（地球側）よりも裏側が厚いのはなぜか」
「〝海〟と呼ばれる黒い玄武岩の低地が、表側にのみ存在するのはなぜか」

月はどのようにして誕生したのか、いわゆる「月誕生のシナリオ」も大きな謎です。月が特殊であるのは、他の惑星と衛星との関係と異なり、母惑星である地球に対してずいぶん大きな衛星であることです。どうして地球は、自らの大きさに不釣り合いなほど大きな衛星を従えるようになったのでしょう？

もともと、月誕生のシナリオには三つの説がありました。

一つめは、たまたま同じ場所で地球と月がほぼ同時に誕生したとする「双子説（兄弟説・双子集積説）」です。二つめは、原始地球がまだ軟らかくて自転が速かったころ、遠心力で分裂したとする「親子説（出産説・分裂説）」であり、これはダーウィンの息子であるジョージ・ダーウィンが提唱しました。

そして三つめが、まったく別の場所で誕生した月を、地球の引力が捕らえて引き寄せたとする「他人説（配偶者説・捕獲説）」です。

「他人説」を採用した場合、地球と月の化学組成が似すぎていることが不自然です。「双子説」では、月と地球の平均密度が大きく違うことが不自然とされました。それで「親子説」が有力視されたものの、今度は分裂するほどの強い遠心力がありえたかどうかが疑問視されました。

そのようななか、一九七五年に、ウィリアム・ハートマンとドナルド・デービスの二人が「ジャイアントインパクト説（巨大衝突説）」を提唱します。親子説の分裂の原動力を、遠心力ではなく天体の衝突によるものだと考えたのです。

ジャイアントインパクト説のシナリオ

地球が誕生してから間もない四十五億五千万年前ごろ、地球には生命はおろか、おそらく海も存在していませんでした。そのような原始の地球に、地球の約半分の大きさの天体がななめに衝突しました。

すると、衝撃で地球のマントルの一部がはぎ取られて宇宙空間に飛散し、それらが互いの引力で一つに集まって原始の月が誕生したのです。このときの集合地点は、地球から二万キロメートル程度の場所で、現在の地球と月の距離の二〇分の一程度と考えられています。

そのころの月は、地球からどんなふうに見えたのでしょう。月の見た目の大きさは、今の月の二〇倍、表面積は四〇〇倍で、明るさも四〇〇倍になるので、満月の夜は相当明るかったことでしょう。今は二十九日かかっている公転周期も、当時はわずか十時間という短さで、目まぐるしく天球上を移動していました。

また、注目すべきは月の潮汐力《ちょうせきりょく》の強さです。潮汐とは、ある天体が他の天体から及ぼされる引力の影響のことです。地球に海が誕生したころには、地球と月との距離は四万キロメートル程度まで遠ざかっていましたが、それでも月が地球に及ぼす潮汐力は、現在の一〇〇〇倍はありました。仮に今、地球で潮の満ち引きの差が一メートルとすると、単純に計算して、当時の潮の満ち引きの差は一〇〇〇メートルにもなります。毎日、巨大な津波が押し寄せる状態だったでしょう。

原始の月が地球の近くにあったとすれば、月にも地球の引力が強くはたらいていたはずです。例えば、月の内部にある重たい核とマントルは、地球の引力に強く引っ張られて地球側に偏るため、表側（地球側）の地殻が薄く、裏側の地殻が厚くなると考えられます。

また、地殻が薄い表側に隕石が衝突すると、地殻の下にあった玄武岩質のマグマが流れ出し、やがて冷え固まって玄武岩の海が表側だけに生じます。さらに、月の重心が地球側（表側）に偏っていると、重心が常に地球の引力で強く引っ張られるので、表側が地球のほうを向くようになります。つまり現在の月のように自転と公転の周期が同期するのです。

このように、ジャイアントインパクト説にのっとって類推していくと、最初に挙げた月に関する謎のほとんどが説明できるようになります。

地球と月の密接な関係

約四十六億年前、宇宙空間に漂う大量のガスや塵が回転しながら集まり、太陽が誕生しました。そして、太陽を中心に回転する岩石の塊（微惑星）がたくさん生まれ、衝突をくり返し、合体しながら惑星になりました。この惑星の一つが地球です。

地球はもともと、微惑星の回転運動を反映した公転運動と自転運動をしていました。しかし、約四十五億五千万年前にジャイアントインパクトが起こると、その衝撃の影響で新たな自転運動が始まります。地球の自転軸は、このとき傾いたのではと考えられています。

◆月の潮汐力による自転速度の変化

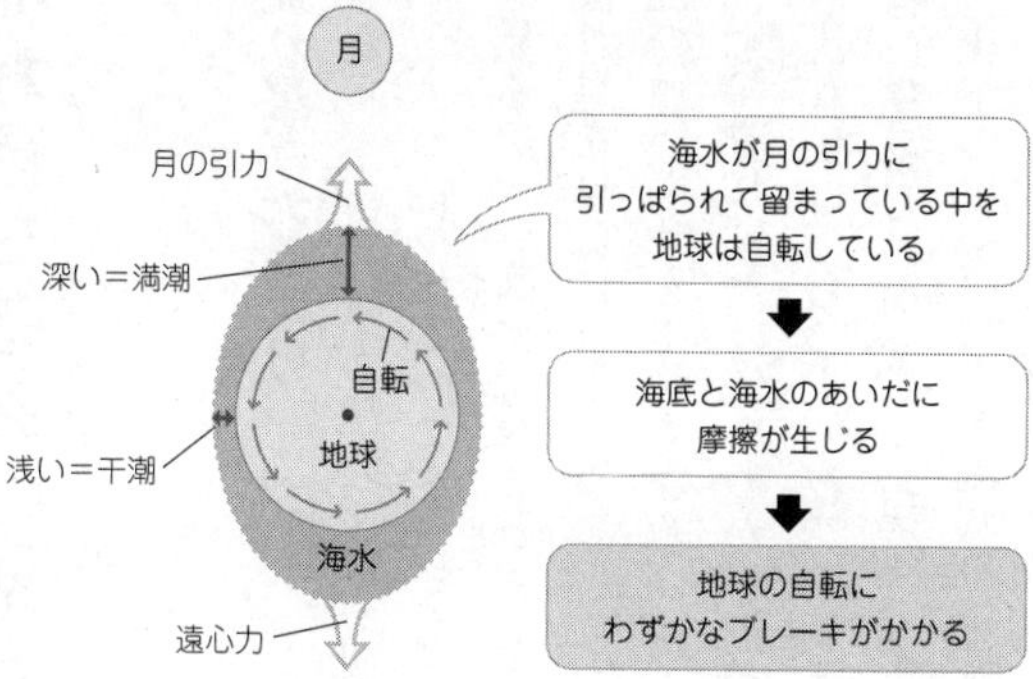
月
月の引力
深い＝満潮
自転
地球
浅い＝干潮
海水
遠心力
海水が月の引力に
引っぱられて留まっている中を
地球は自転している
海底と海水のあいだに
摩擦が生じる
地球の自転に
わずかなブレーキがかかる

ジャイアントインパクト直後の自転周期は五時間程度と考えられていますので、今は自転周期がかなり長くなっていることがわかります。原因は、月の潮汐力です。

潮汐力によって干潮や満潮が起こることを潮汐作用といいますが、この潮汐作用によって、海の水と海底の間に摩擦が生じます。この摩擦の影響で、地球の自転にブレーキがかかるのです。海水の移動だけでなく、岩石も多少は伸び縮みして形を変えるため、エネルギーロスによるブレーキの影響もあります。

自転の遅れは「数千～数万年で一秒」というわずかなものですが、数億年も経つと一時間になります。こうして地球の自転周期は、現在の二十四時間という値になったのです。

流れ星を確実に見る秘訣

流れ星が光るわけ

昔から、「流れ星が流れている間に、三回願いごとを唱えることができれば願いが叶《かな》う」といわれています。でも、流星群が来ることでもなければ、そうそう流れ星を見るチャンスには恵まれませんね。

流れ星を見るには、ちょっとしたコツがあるのです。このコツさえつかめば、あなたの願いも叶えやすくなるかもしれません。

まず、流れ星とは何なのかを知っておきましょう。実際に観察するとわかりますが、流れ星は、ちょうど夜空の星と同じ程度の明るい物体が突然現れ、すばやく一直線に移動して消滅する現象です。一見、〝夜空の星が流れた〟ように見えますが、夜空の星（恒星）と流れ星（流星）はまったく異なるものです。

太陽のように自ら光り輝く天体を恒星といい、夜空の星も恒星です。大きく暖か

◆流星は２段階で光る

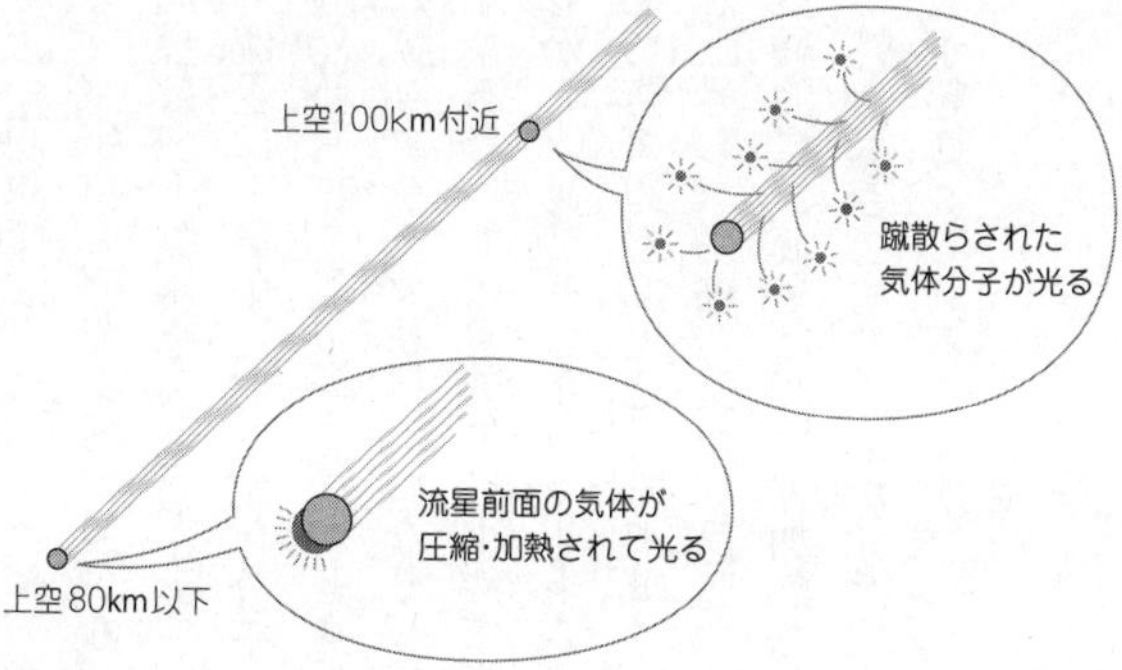
上空100km付近
蹴散らされた
気体分子が光る
流星前面の気体が
圧縮・加熱されて光る
上空80km以下

く輝く太陽と、冷たくまたたく夜空の星。見た目からは似ても似つかない二つの天体ですが、実は両者とも同じ天体の仲間なのです。二つの天体の見え方がこれほど違うのは、地球からの距離が異なるからです。

仮に、太陽を何光年もの彼方にもっていくと、夜空の星のように小さく光って見えます。逆に、夜空の星を太陽の距離までもってくると、大きく明るく暖かい天体になります。つまり、夜空の星は、遠くにある太陽で、いずれも恒星なのです。

一方の流星は、惑星のあいだに漂う宇宙の塵が、地球の大気圏に突入して発光したものです。つまり、流星はせいぜい一ミリ程度の大きさで、地球の大気圏内で起こっているとても近い現象です。このように、恒星と流星は、まったくの別物なのです。

では、宇宙の塵である流星はなぜあんなに明るく発光するのでしょうか。

流星は、大気圏に秒速数十キロメートルという猛スピードで突入します。すると、流星は大気中にある気体分子に衝突してそれらを蹴散らし、励起《れいき》（エネルギーの高い状態にすること）・加熱します。励起・加熱された気体分子は電子が引きはがされて「プラズマ状態」になり、発光します。つまり大気の薄い高度一〇〇キロメートルあたりでは、流星によって蹴散らされた気体分子が発光しています。

しかし、高度八〇キロメートルあたりに達すると、大気が濃くなり気体分子が混雑してきて蹴散らせなくなります。すると、流星の前面にある空気が圧縮されて温度が上昇し、圧縮空気がプラズマ状態になって発光します。

最終的に、流星は圧縮・加熱された空気によって加熱され、地表に到達することなく燃え尽きます。流星が光を放って流れているほんの一瞬の間にこうした二つの現象が起こっているのです。

狙いは流星群

流星は、どれくらいの頻度で発生しているのでしょうか。

意外なことに、流星は二十四時間三百六十五日、常に発生していて、光が暗いものも含めると相当数に上ることがわかっています。ただ、実際に流星を目撃する確率はそんなに高くありません。

なぜかというと、流星には暗いものが多く、夜空の条件に大きく左右されるからです。夜空が暗いほうが、見える流星の数は多くなります。条件の良い暗い夜空では、全体で一時間あたり五～一〇個程度は見えているといいます。

しかし、人間の視野は夜空全体の四分の一～五分の一が限界なので、ある方向だけをじっと一時間見つめていても、一～二個しか目撃できない計算になります。一般の人が夜空の同じ方向を一時間も見続けることは、あまりありません。しかも条件の良い暗い夜空での話です。都会の夜空では、確率がずっと下がります。

そんな滅多に見られない流星をかんたんに見ることができるのが、流星群です。地球の公転軌道上に、流星の素となる宇宙の塵が濃い場所がいくつかあります。そこを地球が通過するとき、たくさんの塵が地球に降り注ぐため、普段にはない数多くの流星が流れるのです。

宇宙の塵が濃い場所は、彗星《すいせい》によってつくられます。彗星とは、太陽に近づいたときに長く尾を引く天体です。長い尾は、太陽の熱と光によって彗星の内部物質が噴き出したものです。

彗星の内部から噴き出した物質は、すなわち宇宙の塵ですから、彗星の公転軌道付近には、たくさんの塵がばらまかれます。いくつかの彗星の公転軌道と地球の公転軌道は交差しており、地球がその交差地点を通過するときに大量の塵が飛び込んできて流星群になるわけです。

流星群をもたらす彗星のことを「母彗星《ぼすいせい》」といいます。母彗星が通過した直後はとくに塵が多いので、通常の流星群よりも大量に流星が流れる「流星雨」になることもあります。

最近の例は、しし座流星群で、一九九九年に母彗星であるテンペル・タットル彗星が通過した後、二年後の二〇〇一年に、日本でも流星雨が見られました。

また、流星群には星座の名前がついていますが、これにも意味があります。流星群が見られるとき、それぞれの流星の軌跡を延長していくと、一つの点(放射点)

◆オリオン座流星群の放射点

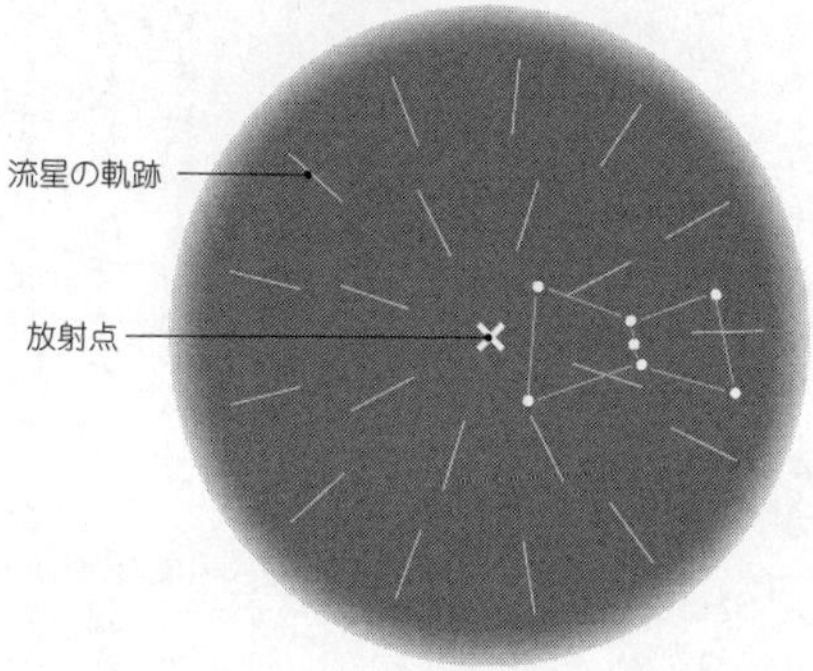

に集まります。流星群はこの放射点から流れているため、放射点付近の星座の名前がつけられています。放射点が生じるのは、彗星がばらまいた塵の中に地球が突っ込んでいくからです。

流星を見るための三条件

流星のほとんどは、塵が地球に向かって来るのではなく、地球のほうが塵に向かって突っ込む形で発生しています。地球の進行方向は公転運動の向きであり、（天の北を上にして）太陽から地球を見たときに直角左方向にあたります。つまり、この方向から流星がたくさん飛び込んでくるように見えます。

地球上でこの方向の空を見ることができる

のは、太陽との位置関係から、夜中の零時から昼の十二時までです。ですが、日が昇ってしまうと流星は見えないので、流星がもっとも多く流れる時間帯は、夜中の零時から日の出までということになります。

流星を目撃するためのコツは、次の三つです。

①なるべく暗い場所を探す
②流星群を狙う
③夜中の零時から日の出までの時間を狙う

流星群の中で特に出現数が多いのは「しぶんぎ座流星群」と「ペルセウス座流星群」「ふたご座流星群」で、これらは「三大流星群」と呼ばれています。なかでももっともおすすめしたいのが「ペルセウス座流星群」です。ペルセウス座流星群はピーク時には一時間に三〇～六〇個と、毎年安定して出現数が多く、明るい流星が多いのも特徴です。八月十二～十三日あたりを中心に、前後二～三日は活発に流れます。

◆主な流星群

★は三大流星群

	主な流星群	ピークの日	母彗星
★	しぶんぎ座流星群	1月　3日	未確定
	こと座流星群	4月22日	サッチャー彗星
	みずがめ座δ(デルタ)流星群	5月　6日	ハレー彗星
	みずがめ座η(エータ)流星群	7月28日	マックホルツ彗星
★	ペルセウス座流星群	8月12日	スイフト·タットル彗星
	オリオン座流星群	10月21日	ハレー彗星
	しし座流星群	11月17日	テンペル·タットル彗星
★	ふたご座流星群	12月14日	ファエトン
	こぐま座流星群	12月22日	タットル彗星

ちょうどお盆休みの時期と重なるので、帰省や旅行とあわせて楽しむことができます。さらに、夏の夜は暖かく過ごしやすいので、真冬の「しぶんぎ座流星群」「ふたご座流星群」と違って屋外で快適に流星観測が楽しめるでしょう。

太陽は永遠に燃え続けるの？

太陽のエネルギー源は？

太陽は、どうやって燃え続けているのでしょうか。地球の大気圏外で、太陽に対して垂直な面が一平方センチメートルあたり一分間に受け取るエネルギーは、約八ジュール（約二カロリー）です。これを「太陽定数」といい、地球全体では一・〇二×一〇の一九乗ジュールという莫大なエネルギーになります。

それでも、地球が受け取っているエネルギー量は、太陽が宇宙空間に放出する全エネルギーのわずか二〇億分の一に過ぎません。

もしも太陽が石炭のような燃料でできていて、これだけのエネルギーを放っているとすれば、たった数十万年で燃えつきてしまいます。それなのに、太陽はおよそ四十六億年の間、輝き続けているのです。そのわけは長い間、謎でした。

しかし、二十世紀に入り、原子に関する研究が進むにつれ、ようやく謎が解明されるようになりました。太陽は、「核融合」によってエネルギーを生みだしていることがわかりました。核融合とは、軽い原子核どうしがくっついて重い原子核に変化する核反応であり、水素爆弾と同じしくみです。

太陽の中では、主に四個の水素原子核が一個のヘリウム原子核に融合する核反応が起こっています。反応によって質量は減りますが、その質量のぶん、エネルギーが生じます。

核融合で生まれたエネルギーは、膨大な量の熱や光になって太陽の温度を維持し、次の核融合を起こします。結論としては、太陽の寿命は百億年程度と考えられていますので、今後五十億年近くは輝き続けることでしょう。

太陽の一生

二十世紀の天文学が明らかにしたことの一つは、恒星の一生を決めるもっとも本質的な要素は質量であるということです。極端にいうと、星が誕生したときの質量さえわかれば、どのくらいの寿命があり、どのような終わりを迎えるかがわかるようになったのです。

太陽は現在、恒星の一生のうち「主系列星《しゅけいれつせい》」という段階にいます。今ある全恒星のおよそ九割は、主系列星に属しています。主系列星は、お互いに性質が似ており、大きさも太陽の数十分の一から一〇倍程度です。太陽くらいの質量の恒星は、この主系列星の段階を経て、赤色巨星《せきしょくきょせい》となり、最後に白色矮星《はくしょくわいせい》に至ります。

恒星は、一生の大部分を主系列星として過ごします。やがて、大きくふくれ上がって赤色巨星になり、星の内部で進む核融合反応により、中心部はヘリウムの塊になります。すると、水素原子の核融合反応は外側へと移っていきます。

星の構造は重力（重さ）と放射のバランスで成り立っているので、核融合反応が外側で起こるようになると、放射が重力よりも強くなります。その結果、星は膨張し、表面温度を下げながらどんどん明るくなっていくのです。

太陽の場合、約四十六億年前に太陽系ができてから主系列星の仲間入りをして、現在までに明るさを約三〇％増してきました。主系列星の最終段階には、今の二倍の明るさになると予測されています。その後、急激に膨張する赤色巨星の段階に至り、地球の公転軌道まで迫ってくるか、地球を飲み込んでしまうでしょう。

ただし、赤色巨星の初期段階に至ると太陽はガスや塵を放出して質量が小さくな

◆恒星の一生

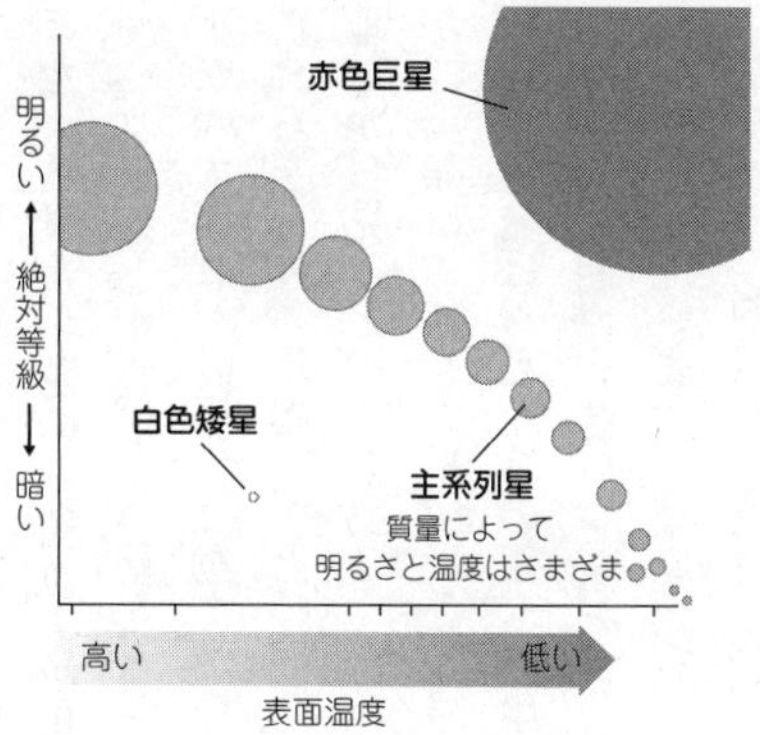

り（質量放出）、太陽と地球の間にある万有引力が弱まります。それによって地球の公転軌道は太陽から離れ、飲み込まれることはないともいわれています。

太陽は、赤色巨星の段階を過ぎると、最後は惑星状星雲の死に装束《しようぞく》をまといながら白色矮星へと変わり、さらには光を出さない冷たい星となって、その一生を終えることになります。

超新星爆発

恒星のなかでも太陽の三〜十数倍の質量をもつ星は、質量が大きいために重力の収縮圧によって中心部の温度が一億ケルビンに達し、ヘリウムどうしの核融合が始まります。

このうち、質量が太陽の八倍以下程度の場合、ヘリウムからできた炭素が中心部にたまってくると、その重力を電子の反発力では支えきれなくなり、縮み始めます。すると炭素の核融合が起こり始め、大爆発を起こします。

また、質量が太陽の八倍以上の場合、中心部にある鉄がエネルギーを吸収し続け、ヘリウムと中性子に分解されます（光分解）。その結果、中心核の圧力が一気に下がって潰れ、外層は反動で飛び散り爆発を起こします。

これらを「超新星爆発」と呼びます。

地球から見ると、突然明るい星が現れたように見えるので〝超新星〟というのですが、実際は、新しい星ではなく星が最後に放った閃光《せんこう》だったのです。

超新星爆発は、私たちの銀河の中で百～二百年に一回程度、起こっています。

鎌倉時代初期に、藤原定家《さだいえ》という人物がいました。『新古今和歌集』の選者としてよく知られています。藤原定家の日記『明月記《めいげつき》』には、平安時代末期の天喜《てんぎ》二年（一〇五四年）、当時の暦で五月十一日から二十日にかけての夜中、木星と同じくらい明るく輝く星が見えたという、と書かれています。後の調査によって、このとき見えた明るい星は、M1（かに星雲）の超新星爆発であったことがわかっています。

超新星からのニュートリノを捕らえる

質量の大きな星が超新星爆発を起こすときに、ニュートリノという素粒子が放出されます。ニュートリノは光速で運動し、質量は電子のおよそ一万分の一以下です。最大の特徴は、あらゆる物質とほとんど反応することなく、どんなものでも（私たちのからだも地球も）素通りしてしまう点です。

ニュートリノ研究の実績が認められ、二〇〇二年にノーベル物理学賞を受賞したのが小柴昌俊《こしばまさとし》博士です。大マゼラン雲に出現した超新星からのニュートリノを、世界で初めて捕らえました。

測定には、他の宇宙線の影響を避けるため、岐阜県・神岡鉱山の地下一〇〇〇メートルの深さに巨大な水槽と、ニュートリノが発するチェレンコフ光を検出する検出器（光電子増倍管）を設置したカミオカンデという観測装置が用いられました。

一九九六年から、検出器の数をカミオカンデの七〇倍以上にしたスーパーカミオカンデが稼働しています。ここでの観測からニュートリノに質量があることが新たにわかっています。「ニュートリノ振動」を検証し、二〇一五年、梶田隆章博士がノーベル物理学賞を受賞しました。

地球に住めなくなったら、どこに移住する？

地球に似た赤い惑星

火星は、地球のすぐ外側を回っている惑星です。地球から見て火星が赤いのは、地表が赤鉄鉱《せきてつこう》（酸化鉄）を多く含む岩石で覆われているからです。直径は地球の約半分、質量は一〇分の一ほどです。

火星は、地球とほぼ同じ二十四時間三十七分で自転しながら、六百八十七日かけて太陽のまわりを公転しています。また、火星の自転軸は公転面に垂直な方向に対して二五度ほど傾いているため、地球と同じように四季の変化が見られます。

約四十六億年前の太陽系誕生期には、太陽を取り巻いて回転するガスや塵の円盤の中に密度の高い部分ができ、これを中心にして直径数キロメートル程度の微惑星が生まれたとされています。その後、微惑星が互いに衝突をくり返しながら大きくなり、やがて地球や火星などの惑星が誕生したのです。

同じタイミングで生まれた惑星にもかかわらず、地球は地表に水を豊かにたたえ、一方の火星の地表は一面、荒涼とした砂漠のようです。

地球と火星の運命を変えたのは何だったのでしょうか。

原因と考えられているのは、大きさの違いです。火星の質量は、地球の一〇分の一ほどしかありません。このため、大気を引きとめておく重力が地球の四割程度しかなく、水蒸気が宇宙空間に逃げやすいのです。火星の表面の大気は地球の一〇〇〇分の六程度と薄く、温度も低いです。

火星も〝水の惑星〟か？

かつて火星の表面にも水が豊富にあったのではないか――こうした考えは、一九七〇年代から有力視されてきました。探査機の調査によって、火星表面に大規模に水が流れた跡と考えられる地形が見つかっているからです。

地球の北極と南極にあたる「極冠《きょっかん》」や、北極冠の平原のクレーター内に水の塊が存在することも確認されています。南極冠の氷に貯蔵されている水の量だけで、火星全表面を水深一一メートルの水で覆うほど大量であることもわかりました。

さらに二〇〇四年、NASAが火星に送り込んだ二台の無人探査機「スピリット」と「オポチュニティー」や二〇一二年の「キュリオシティ」によって、火星に大量の水が存在していた証拠が見つかりました。

火星には、大量の水がある場所でなければ生成されない硫酸塩鉱物があり、また、水の流れがあったことを示す波状の層をもつ岩石があったのです。

火星の内部から液体の水が噴出して堆積物を流したとする痕跡など、今も新たな証拠が見つかっています。

このようなことから、かつては火星にも大量の水が存在し、温暖・湿潤な時代があったのではないかと予測できます。現在では、火星の地下に氷の形で水が存在し続けていることが、ほぼ確実視されています。

つまり、火星も〝水の惑星〟である可能性が高いのです。水は、生命を生み育てる大切な存在です。薄い大気や低い温度など地球と比べると過酷な環境ですが、火星にもバクテリアのような生物がいるのではないかと予測し、火星表面での生命探査計画を立てている研究者もいます。

人類が生存可能な唯一の惑星？

「テラフォーミング（惑星地球化計画）」という言葉を聞いたことがありますか？

文字通り、現在は生命体の住まない惑星を、人間が住める水と緑の惑星へ改造する壮大な計画です。その候補として、もっとも有力な惑星が火星です。

太陽と地球の距離と比べて、太陽と火星の距離は約一・五倍離れています。それだけ火星表面には太陽の日射が少ないため、改造にあたって第一にしなければならないのは、火星表面を暖かくすることです。

そこで、具体的に二つの案が検討されています。

一つは、火星の地表に吸収される太陽の光量を増やし、火星の気温を上昇させる方法です。例えば、薄くて巨大な鏡を火星近くの宇宙空間に設置して、太陽の光を集めて火星の極冠に照射し、氷を融かします。極冠の氷が融けると、大気中に水蒸気と二酸化炭素が増えて温室効果がはたらき、大気が暖かく保たれるようになります。

もう一つは、火星の表面を覆う暗黒色の炭素質物質を破砕して、火星表面にまき散らし、太陽光の吸収効果を上げる方法が考えられています。

第二に必要なことは、生物が生きられるように火星の大気組成を変えることです。現在の火星の大気組成は、主に二酸化炭素九五％、窒素三％、アルゴン一・六％です。酸素は〇・一三％しか含まれていません。

そこで、例えば藻類《そうるい》のような単純な生命体を利用することが検討されています。藻類は、二酸化炭素を吸収して光合成を行い、酸素を放出します。火星の大気が温暖化し、液状の水が維持できるようになった段階でこうした藻類をもちこめば、火星の大気に酸素が存在するようになるかもしれません。こうした計画を進めるためには、遺伝子工学によって光合成効率が高い藻類をつくるといった研究も重要になります。

二〇二一年四月、NASAは、火星探査車「パーシビアランス」に搭載した実験装置で火星大気の二酸化炭素から酸素をつくり出すことに成功しました。飛行士一人が約十分間の呼吸に必要な酸素量五グラムをつくり出したということです。藻類を利用するのではなく、多量にある二酸化炭素を分解することで酸素を得る方法も可能性があります。

超巨大プロジェクト「テラフォーミング」が動きだすと、数世紀後に火星生まれの地球人が誕生することも夢ではなくなります。

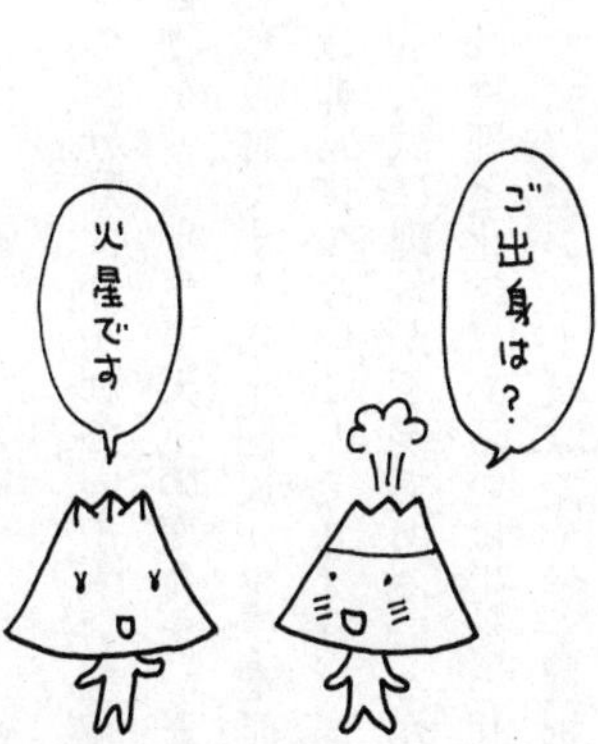

おわりに

中学校で学ぶ理科は、物理、化学、生物、地学の四分野に分かれています。現在の教育課程では、一年生で火山、地震、岩石・鉱物を、二年生で天気の変化を、三年生で地球と宇宙について学びます。中学校は義務教育ですから全国民が地学を学びますが、高校の理科の授業で地学を選択した人は非常に少ないことでしょう。

大学進学で文系学部を選択する場合は、そもそも入試に理科が不要であることが多いですし、理系学部を選択する場合も、入試では物理と化学、あるいは生物と化学という組み合わせを求められることがほとんどです。センター試験で地学を選択する人の割合も少数です。そんな理由で、残念ながら、高校で地学を選択する生徒は極端に少ないのです。

本書を読んで「地学も面白いぞ」と感じてもらえたら、次は系統的に学んでみてください。ぼくの著書では、中学校レベルでは『大人のやりなおし中学地学』（ソフトバンククリエイティブ〈サイエンス・アイ新書〉）、高校レベルでは『新しい高校地学の教科書』（共著、講談社〈ブルーバックス〉）に詳しくまとめています。

本書の執筆中、「科学者も人間なんだよなぁ」と感じ入ることがしばしばありました。研究の過程では、自分の説がなかなか認められなかったり、だまされて恥をかいたりすることも少なくありません。それでも、たくさんの科学者が未知の大自然に対する謎解きに挑んで、今日《こんにち》の科学をつくりあげてきました。謎は次々と生まれてきます。今後もたゆまぬ探究が続くことでしょう。

本書は、中学校・高校で地学を教える現役教師の小林則彦さんに、執筆のご協力をいただきました。小林さんには、理科の面白さを広く伝える『理科の探検（RikaTan）』誌の企画・編集にも関わっていただいており、一緒に地学の魅力の一端を示すことができて、とても嬉しく思っています。

また、平賀章三さん（奈良教育大学教授）にも原稿の内容を見ていただきました。お礼申し上げます。

二〇一二年十二月　　　　　　　　　　　　　　　　　　左巻健男

文庫版おわりに

この単行本を書いてから八年余が経ちます。

幸い地道に増刷をくり返してきました。

今回、文庫本にするにあたって、新規にぼく(左巻健男)が「地球の内部はどうなっている?」「千葉にちなんだチバニアンという時代が誕生!」、小林則彦さんが「生命はどのようにして地球上に生まれたか?」を書き加えました。

自然災害が激しくなっている時代に、大きく地球と地球大気と宇宙を題材にした本書のような本で、楽しみながら、その科学の土台を学ぶことは大きな意味があることだと思います。

ぼくは中学・高校の理科教諭を長く勤めました。中学理科では地学分野も教えました。大学教授に転じてからも「理科教育法」「地球環境論」などで地学分野を扱いました。

「地学」は、戦前戦中の学校にはなかった科目名です。戦後、地学という科目は、高校の理科の一科目として誕生しました。地学は、天文学、地球物理学、気象学、地質学、鉱物学、海洋学など非生物界の自然現象を対象とする学問を集めてつくられた科目でした。つまり、地球とその構造、地震や火山、岩石と鉱物、地層、地球をおおう海、天気や気象、地球のまわりの大気、宇宙の内容を含んでいます。

ぼくが地学でもっとも重要なことと考えているのは、「私たちはどこから来たか？」という問いに答えることです。地学は、うまくすれば物理学、化学、生物学をも総合化した、自分の足元の内部から遙か彼方の宇宙までも含む壮大なものになり得る可能性を持っています。例えば、地球上の生命の材料は、宇宙でつくられた元素たちでした。それなら地球外で生命が存在していてもおかしくはありません。

地球の歴史から見れば私たちは本当に新参者です。それでも、ぼくたちホモ・サピエンスは、文明を開化させ、地球上の自然界、物質界や人類の進化だけではなく、あまりにも巨大な存在である宇宙の不思議までも探究し、一つひとつの事実と論理を組み立てて謎に迫っています。

本書は、高校で地学を学ばなかった人にもわかるやさしさで、地学関係の謎解きとその面白さが感じられるようにと書いたつもりです。

文庫化にあたっては、ＰＨＰ研究所第一事業制作局第一制作部・山口毅さんのアドバイスに御礼申し上げます。

二〇二一年七月二十二日

編著者　左巻健男

参考文献

市場泰男『素顔の科学史99の謎』産報ジャーナル〈Sanpo books〉一九七七年
大塚道男『地球のなぞをさぐる』藤森書店　一九七七年
松井孝典『地球　誕生と進化の謎』講談社〈講談社現代新書〉一九九〇年
左巻恵美子・縣秀彦編著『たのしい科学の本　生物・地学』新生出版　一九九六年
杵島正洋・松本直記・左巻健男編著『新しい高校地学の教科書』講談社〈ブルーバックス〉二〇〇六年
ビル・ブライソン著・楡井浩一訳『人類が知っていることすべての短い歴史』ＮＨＫ出版　二〇〇六年
田近英一『凍った地球　スノーボールアースと生命進化の物語』新潮社〈新潮選書〉二〇〇九年
山賀進『一冊で読む　地球の歴史としくみ』ベレ出版　二〇一〇年

編著者紹介

左巻健男（さまき　たけお）

東京大学非常勤講師（理科教育法）。

1949年生まれ。栃木県出身。千葉大学教育学部（理科）卒業。東京学芸大学大学院修士課程修了（物理化学・科学教育）。中学・高校の理科教諭を26年間務めた後、京都工芸繊維大学教授、同志社女子大学教授、法政大学教授を歴任。2019年より現職。専門は理科教育（科学教育）・科学啓発。

『面白くて眠れなくなる物理』『面白くて眠れなくなる化学』『面白くて眠れなくなる理科』（以上、ＰＨＰ文庫）、『新しい高校地学の教科書』『新しい高校化学の教科書』（以上、講談社ブルーバックス）、『絶対に面白い化学入門 世界史は化学でできている』（ダイヤモンド社）など単著・編著多数。

執筆者紹介

小林則彦（こばやし　のりひこ）

西武学園文理中学・高等学校教諭。気象予報士。

1966年生まれ。東京都出身。法政大学文学部卒業。全国でも珍しい文学部出身の理科教師。中学・高校で理科を教える傍ら、理科の面白さを広く伝える『理科の探検（RikaTan)』誌編集委員も務める。執筆に関わった書籍に、『怖くて眠れなくなる地学』（ＰＨＰエディターズ・グループ）、『新編 地学基礎（検定教科書)』『改訂版 視覚でとらえるフォトサイエンス地学図録』（以上、数研出版）、『系統的に学ぶ 中学地学（検定外教科書)』（文理）、『科学はこう「たとえる」とおもしろい！』（青春出版社）などがある。

〔小林執筆担当〕Part 1／地球は大きな磁石なの？、地球の磁極は逆転している⁉、大量絶滅はどうして起こったか？、スノーボールアース仮説の衝撃、生命はどのようにして地球上に生まれたか？　Part 2／高いところが寒いのはなぜ？　Part 3／月は地球のきょうだいだった⁉、流れ星を確実に見る秘訣

本書は、2012年12月にＰＨＰエディターズ・グループから刊行された作品に加筆・修正したものである。

ＰＨＰ文庫　面白くて眠れなくなる地学

2021年９月23日　第１版第１刷

編著者　左巻健男
発行者　後藤淳一
発行所　株式会社ＰＨＰ研究所
東京本部　〒135-8137　江東区豊洲5-6-52
ＰＨＰ文庫出版部　☎03-3520-9617(編集)
普及部　☎03-3520-9630(販売)
京都本部　〒601-8411　京都市南区西九条北ノ内町11

PHP INTERFACE　https://www.php.co.jp/

制作協力
組　　版　株式会社PHPエディターズ・グループ

印刷所
製本所　図書印刷株式会社

ISBN978-4-569-90174-9